机 械 振 动 学

（线性系统）
修订版

程耀东　李培玉　编著

浙江大学出版社

内容简介

本书介绍线性离散系统机械振动的基本概念、原理和分析方法,列举了许多工程技术实例。

全书共六章:机械振动学基础、单自由度系统、两自由度系统、多自由度系统、多自由度系统的数值方法和振动控制。附有习题及部分答案。

本书可作为工科有关专业大学生或研究生的教科书或参考书,能在34～40学时内授完。也可供有关工程技术人员和研究人员自学或参考。

图书在版编目 (CIP) 数据

机械振动学(线性系统)/ 程耀东编. —杭州:浙江大学出版社,1988.11 (2022.12 重印)

ISBN 978-7-308-00090-1

Ⅰ.机… Ⅱ.程… Ⅲ.机械振动－高等学校－教材 Ⅳ.TH113.1

中国版本图书馆 CIP 数据核字 (2001) 第 095152 号

机械振动学

程耀东 李培玉 编著

责任编辑	王 波
出版发行	浙江大学出版社
	(杭州市天目山路 148 号 邮政编码 310007)
	(网址:http://www. zjupress. com)
排 版	杭州青翊图文设计有限公司
印 刷	杭州高腾印务有限公司
开 本	850mm×1168mm 1/32
印 张	8
字 数	188 千
版 印 次	2005 年 4 月第 2 版 2022 年 12 月第 30 次印刷
书 号	ISBN 978-7-308-00090-1
定 价	20.00 元

再 版 说 明

机械振动学(线性系统)是一本面向工程的基础理论教材。实践和时间的检验表明,它的基本内容和框架是合理和适当的。本书初版至今已十几年了,一直被许多大学的相关专业所选用。作者对广大读者的关心和帮助表示深深的谢意,对浙江大学出版社的支持表示感谢!

这次再版,对内容做了一些修改和补充,根据现代工程的需要,增添了"振动控制"一章,在其他章节中增加了一些内容和实例。

衷心希望广大读者继续给予帮助和指正。

程耀东　李培玉
2005 年 4 月

前　　言

本教材是根据作者近几年的教学实践和对原编讲义多次修改(其中一次是和贾俶仕同志一起重编的)而重新编写的。编写时,力图用较小的篇幅,系统地表述出机械振动学的基本内容,使读者能在较短的时间内掌握机械振动学的基本概念、原理和分析方法,为实际应用创造条件。

离散线性系统(以后简称线性系统)的振动原理和分析方法是机械振动学的基础,也是解决现代许多科学技术和工程实际问题中振动和动态问题的理论根据。因此它是读者必须或首先要学习的内容,有必要把它编成一册以满足不同的要求。

虽然,一些读者已在理论力学课程中学过单自由度系统的振动原理,实践表明,几乎对于所有学生学习这一内容都是必要的,因为它是线性系统振动学的基础。在理论力学的教学中,不可能像本课程一样,对这一内容进行扩展和深化,介绍许多有意义的实际应用,完成许多有典型意义的作业,因而也不可能使读者牢固地、深刻地和明确地建立起正确的概念,掌握基本的原理和分析方法。

考虑到现代结构动力学发展和计算机应用的需要,本教程在多自由度系统振动理论的讨论中,应用了线性代数的分析方法,着重介绍了模态分析技术,并对两自由度系统进行讨论,以阐明多自由度系统的一些概念。本书第一章是一些基础知识,第五章介绍了数值计算方法,故都可以作为自学的内容。其他章节中有些内容必

· 1 ·

要时也可让学生自学。

为了提高读者分析问题的能力,本教程收集了许多典型的例题和习题。在内容的叙述上,力求表明思考和分析的逻辑。考虑到读者的自学方便,尽量给出习题的答案,以便读者自校和思考。

在本书的编写和出版过程中,得到了多方面的支持、关心和帮助;庄表中教授对初稿作了细心地审查,提出了许多宝贵意见;徐杏珍同志为本书绘制了许多附图。编者在此谨对他们表示衷心的感谢。

由于编者水平所限,书中错误和不妥之处在所难免,祈请读者给予批评和指正,不胜感激。

程耀东

目　录

第一章

机械振动学基础

第一节　引　言

机械系统振动问题的研究包括以下几方面的内容：

1. 建立物理模型

要进行机械系统振动的研究，就应当确定与所研究问题有关的系统元件和外界因素。比如，汽车由于颠簸将产生垂直方向的振动。组成汽车的大量元件都或多或少地影响到它的性

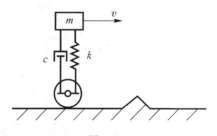

图 1.1-1

能。然而，汽车的车身及其他元件的变形比汽车相对于道路的运动要小得多，弹簧和轮胎的柔性比车身的柔性要大得多。因而，根据工程分析的要求，我们可以用一个简化的物理模型来描述它。或者说，为了确定汽车由于颠簸而产生的振动，可以建立一个理想的物理系统，它对外界作用的响应，从工程分析的要求来衡量，将和实际系统接近。应当指出，一个物理模型对于某种分析是适合的，并不表示对于其他的分析也适合。如果要提高分析的精度，就可能需

要更高近似程度的物理模型。图 1.1-1 和图 1.1-2 是分析汽车由于颠簸产生振动的两个物理模型。

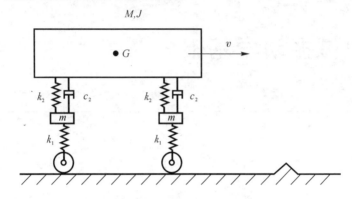

图 1.1-2　站在垂直振动台上的人体简化机械系统

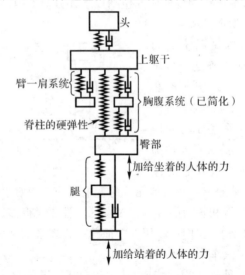

图 1.1-3　站在垂直振动台上的人体简化机械系统

在低频和低振级的情况下,若把人体看做一个机械系统,就可以用图 1.1-3 所示形式的线性集总参量系统来粗略近似。

不幸的是,怎样才能得到一个确切描述实际系统的物理模型还没有一般的规则。这通常取决于研究者的经验和才智。

2. 建立数学模型

有了所研究系统的物理模型,就可应用某些物理定律对物理模型进行分析,以导出一个或几个描述系统特性的方程。通常,振动问题的数学模型表现为微分方程的形式。

3. 方程的求解

要了解系统所发生运动的特点和规律,就要对数学模型进行求解,以得到描述系统运动的数学表达式。通常,这种数学表达式是位移表达式,表示为时间的函数。表达式表明了系统运动与系统性质和外界作用的关系。

4. 结果的阐述

根据方程解提供的规律和系统的工作要求及结构特点,我们就可作出设计或改进的决断,以获得问题的最佳解决方案。

本教程的重点是论述机械振动系统的数学模型的建立和方程的求解这两个问题。

第二节 机械振动的运动学概念

机械振动是一种特殊形式的运动。在这种运动过程中,机械振动系统将围绕其平衡位置作往复运动。从运动学的观点看,机械振动是研究机械系统的某些物理量(比如位移、速度和加速度)在某一数值近旁随时间 t 变化的规律。这种规律如果是确定的,则可以用函数关系式

$$x = x(t) \qquad (1.2\text{-}1)$$

来描述其运动。如果运动的函数值,对于相差常数 T 的不同时间有相同的数值,亦即可以用周期函数

$$x(t) = x(t + nT) \quad n = 1, 2, \cdots \tag{1.2-2}$$

来表示,则这一运动是周期运动。方程(1.2-2)中的最小值 T(也就是运动往复一次所需的时间间隔)叫做振动的周期。周期的倒数,即

$$f = \frac{1}{T} \tag{1.2-3}$$

定义为振动的频率。频率的单位为 Hz。

还有一类振动,如机械系统受到冲击而产生的振动,旋转机械在起动过程中产生的振动,它们没有一定的周期,是非周期运动。至于车辆在行走过程中的振动,一般不能用确定的时间函数来表达,因此我们不可能预测某一时刻振动物理量的确定值。这种振动称为随机振动,它要用概率统计的方法去研究。

简谐振动是最简单的振动,也是最简单的周期运动。

一、简谐振动

物体作简谐振动时,位移 x 和时间 t 的关系可用三角函数表示为

$$x = A\cos\left(\frac{2\pi}{T}t - \varphi\right) = A\sin\left(\frac{2\pi}{T}t + \psi\right) \tag{1.2-4}$$

式中:A 是运动的最大位移,称为振幅;T 是从某一时刻的运动状态开始再回到该状态时所经历的时间,称为周期;φ 和 ψ 决定了开始振动时($t=0$)点的位置,称为初相角,有 $\psi = \frac{\pi}{2} - \varphi$。

图 1.2-1 右边所示的正弦波形[①]表示了式(1.2-4)所描述的运动,它也可看成是该左边半径为 A 的圆上一点作等角速度运动时在 x 轴上的投影。角速度 ω 称为简谐振动的角频率或圆频率,单位为 rad/s,可表示为

---

① 如果按式(1.2-4)中余弦函数表示,通常也叫做正弦波。

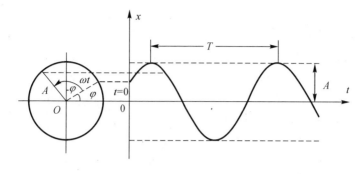

图 1.2-1

$$\omega = \frac{2\pi}{T} \qquad\qquad (1.2\text{-}5)$$

它与频率 f 有关系式

$$\omega = 2\pi f \qquad\qquad (1.2\text{-}6)$$

通常，ω 也简称为频率。

简谐振动的速度和加速度就是位移表达式(1.2-4)关于时间 t 的一阶和二阶导数，即

$$v = \dot{x} = A\omega\cos(\omega t + \psi)$$
$$= A\omega\sin\left(\omega t + \psi + \frac{\pi}{2}\right) \qquad (1.2\text{-}7)$$
$$a = \ddot{x} = -A\omega^2\sin(\omega t + \psi)$$
$$= A\omega^2\sin(\omega t + \psi + \pi) \qquad (1.2\text{-}8)$$

可见，若位移为简谐函数，其速度和加速度也是简谐函数，且具有相同的频率。只不过在相位上，速度和加速度分别超前位移90°和180°。从物理意义上看，加速度比速度超前 $\frac{\pi}{2}/\omega$ 秒，速度比位移超前 $\frac{\pi}{2}/\omega$ 秒。因此在物体运动前加速度是最早出现的量。

从

$$\ddot{x} = -\omega^2 x$$

可以看出，简谐振动的加速度，其大小与位移成正比，而方向与位移相反，始终指向平衡位置。这是简谐振动的重要特征。

在振动分析中,有时我们用旋转矢量来表示简谐振动。旋转矢量的模为振幅 A,角速度为角频率 ω,如图 1.2-2 所示。

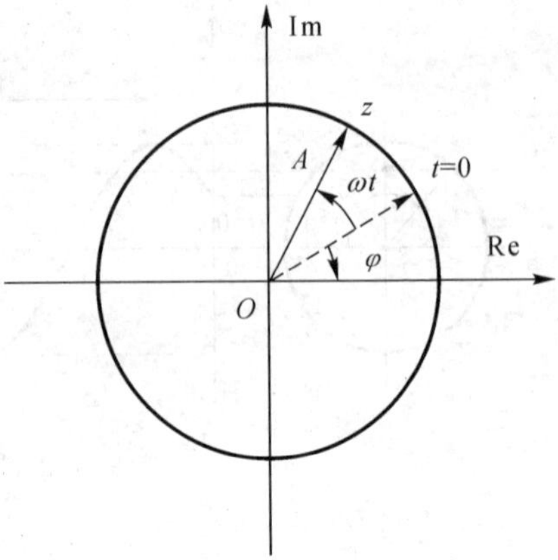

若用复数来表示,则有

$$z = Ae^{j(\omega t + \psi)}$$
$$= A\cos(\omega t + \psi)$$
$$+ jA\sin(\omega t + \psi)$$
$$(1.2\text{-}9)$$

式中,j 是虚数单位,即

$$j = \sqrt{-1}$$

图 1.2-2

复数 z 的实部和虚部可分别表示为

$$\left.\begin{array}{l} \mathrm{Re}\ z = A\cos(\omega t + \psi) \\ \mathrm{Im}\ z = A\sin(\omega t + \psi) \end{array}\right\} \qquad (1.2\text{-}10)$$

这时,简谐振动的位移 x 可表示为

$$x = \mathrm{Im}[Ae^{j(\omega t + \psi)}] \qquad (1.2\text{-}11)$$

同时,简谐振动的速度和加速度可表示为

$$v = \dot{x} = \mathrm{Im}[j\omega Ae^{j(\omega t + \psi)}] = \mathrm{Im}[A\omega e^{j(\omega t + \psi + \pi/2)}] \qquad (1.2\text{-}12)$$

$$a = \ddot{x} = \mathrm{Im}[-\omega^2 Ae^{j(\omega t + \psi)}] = \mathrm{Im}[A\omega^2 e^{j(\omega t + \psi + \pi)}] \qquad (1.2\text{-}13)$$

用复指数形式描述简谐振动,给运算带来很多方便。因为复指数 $e^{j\omega t}$ 对时间 t 求导一次相当于在其前乘以 $j\omega$,而每乘一次 j,相当于有初相角 $\dfrac{\pi}{2}$。在用复指数表示时,计算结果有时不一定都要写上 Im(对于正弦函数)或 Re(对于余弦函数),仍可用复指数原式表示。这时,作为物理现象,只要考虑它的虚部或实部就行。

图 1.2-3 表示了位移、速度和加速度的旋转矢量关系(当 $\psi =$

0)。

式(1.2-9)也可改写为

$$z = A e^{j\psi} e^{j\omega t} = \overline{A} e^{j\omega t} \quad (1.2\text{-}14)$$

式中

$$\overline{A} = A e^{j\psi} \qquad (1.2\text{-}15)$$

是一复数,称为复振幅。它包含振动的振幅和相角两个信息。在振动分析时,由于它会给运算带来许多方便而常常得到应用。

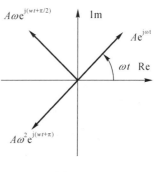

图 1.2-3

二、周期振动

在实际问题中,有许多周期振动的例子。我们知道,任何周期函数,只要满足条件:1)函数在一个周期内连续或只有有限个间断点,且间断点上函数左右极限存在;2)在一个周期内,只有有限个极大和极小值,则都可展开成为 Fourier 级数的形式。

假定 $x(t)$ 是满足上述条件,周期为 T 的周期振动函数,则可展开成 Fourier 级数的形式。此时,有

$$
\begin{aligned}
x(t) &= \frac{a_0}{2} + a_1 \cos\omega t + a_2 \cos 2\omega t + \cdots \\
&\quad + b_1 \sin\omega t + b_2 \sin 2\omega t + \cdots \\
&= \frac{a_0}{2} + \sum_{n=1}^{\infty} (a_n \cos n\omega t + b_n \sin n\omega t) \quad (1.2\text{-}16)
\end{aligned}
$$

式中 $\omega = 2\pi/T$,为基频。$a_0, a_1, a_2, \cdots$ 和 $b_1, b_2, \cdots$ 都是待定的常数,由下列关系式求得:

$$a_0 = \frac{2}{T} \int_0^T x(t) \mathrm{d}t$$

$$a_n = \frac{2}{T} \int_0^T x(t) \cos n\omega t \mathrm{d}t$$

$$b_n = \frac{2}{T} \int_0^T x(t) \sin n\omega t \mathrm{d}t \quad n = 1, 2, 3, \cdots$$

对于某一特定的 n，我们可得

$$a_n\cos n\omega t + b_n\sin n\omega t = A_n\sin(n\omega t + \psi_n)$$

式中

$$A_n = \sqrt{a_n^2 + b_n^2} \quad \tan\psi_n = \frac{a_n}{b_n}$$

于是，方程(1.2-16)又可表示为

$$x(t) = \frac{a_0}{2} + \sum_{n=1}^{\infty} A_n\sin(n\omega t + \psi_n) \tag{1.2-17}$$

三、简谐振动的合成

（一）同方向振动的合成

1. 两个同频率振动的合成

有两个同频率的简谐振动

$$x_1 = A_1\sin(\omega t + \psi_1), \quad x_2 = A_2\sin(\omega t + \psi_2)$$

它们的合成运动也是该频率的简谐振动

$$x = A\sin(\omega t + \psi)$$

式中

$$A = \sqrt{(A_1\cos\psi_1 + A_2\cos\psi_2)^2 + (A_1\sin\psi_1 + A_2\sin\psi_2)^2}$$

$$\tan\psi = \frac{A_1\sin\psi_1 + A_2\sin\psi_2}{A_1\cos\psi_1 + A_2\cos\psi_2}$$

2. 两个不同频率振动的合成

有两个不同频率的简谐振动

$$x_1 = A_1\sin\omega_1 t$$

$$x_2 = A_2\sin\omega_2 t$$

若 $\omega_1 < \omega_2$，则合成运动为

$$x = x_1 + x_2$$

$$= A_1\sin\omega_1 t + A_2\sin\omega_2 t$$

其图形如图 1.2-4 所示。

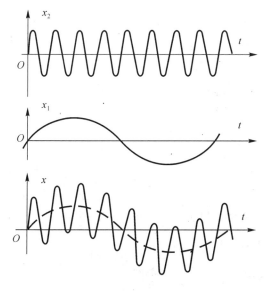

图 1.2-4

由图 1.2-4 可见,合成运动的性质就好像高频振动的轴线被低频振动所调制。

若 $\omega_1 \simeq \omega_2$,对于 $A_1 = A_2 = A$,则有

$$x = x_1 + x_2$$

$$= A_1 \sin\omega_1 t + A_2 \sin\omega_2 t$$

$$= 2A\cos\left(\frac{\omega_2 - \omega_1}{2}\right)t\sin\left(\frac{\omega_2 + \omega_1}{2}\right)t$$

令

$$\omega = \frac{1}{2}(\omega_1 + \omega_2)$$

$$\delta\omega = \omega_2 - \omega_1$$

上式可表示为

$$x = 2A\cos\frac{\delta\omega}{2}t\sin\omega t$$

显然,合成运动的振幅以 $2A\cos\dfrac{\delta\omega}{2}t$ 变化,也就是出现了"拍"的现象,拍频为 $\delta\omega$。

对于 $A_2 \ll A_1$,这时有

$$x_1 = A_1\sin\omega_1 t$$

$$x_2 = A_2\sin(\omega_1 + \delta\omega)t$$

合成运动可近似地表示为

$$x = A\sin\omega_1 t$$

式中

$$A = \sqrt{A_1^2 + A_2^2 + 2A_1 A_2\cos\delta\omega t}$$

$$= A_1\sqrt{1 + \left(\frac{A_2}{A_1}\right)^2 + \frac{2A_2}{A_1}\cos\delta\omega t}$$

由于 $A_2/A_1 \ll 1$,故有

$$A \simeq A_1\left(1 + \frac{A_2}{A_1}\cos\delta\omega t\right)$$

这时,合成运动可近似地表示为

$$x = A_1\left(1 + \frac{A_2}{A_1}\cos\delta\omega t\right)\sin\omega_1 t$$

$$= A_1(1 + m\cos\delta\omega t)\sin\omega_1 t$$

显然,出现了幅值调制,载波频率为 ω_1,调制频率为 $\omega_2 - \omega_1$,m 为调幅系数。合成运动也可表示为

$$x = A_1\sin\omega_1 t + m\frac{A_1}{2}\sin(\omega_1 - \delta\omega)t + m\frac{A_1}{2}\sin(\omega_1 + \delta\omega)t$$

即合成运动有三个频率分量:载波频率 ω_1,两个边频 $\omega_1 - \delta\omega$ 和 $\omega_1 + \delta\omega$。

(二)两垂直方向振动的合成

1. 同频率振动的合成

如果沿 x 方向的运动为

$$x = A\sin\omega t$$

沿 y 方向的运动为

$$y = B\sin(\omega t + \varphi)$$

则合成运动将位于边长分别为 $2A$ 和 $2B$ 的矩形中,如图 1.2-5 所示。

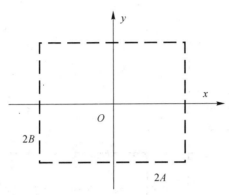

图 1.2-5

合成运动的轨迹可用椭圆方程

$$\frac{x^2}{A^2} + \frac{y^2}{B^2} - \frac{2xy}{AB}\cos\varphi - \sin^2\varphi = 0$$

来表示。图 1.2-6 表示了不同相角 φ 的合成运动轨迹图。

2.不同频率振动的合成

对于两个频率不等的简谐运动

$$x = A\sin\omega_1 t, \quad y = B\sin(\omega_2 t + \psi)$$

它们的合成运动也能在矩形中画出各种曲线。若两个频率存在下列关系

$$n\omega_1 = m\omega_2 \quad n, m = 1, 2, 3, \cdots$$

时,可得图 1.2-7 所示的合成运动图形。

图 1.2-6 和图 1.2-7 中的图形叫做 Lissajous 图形。

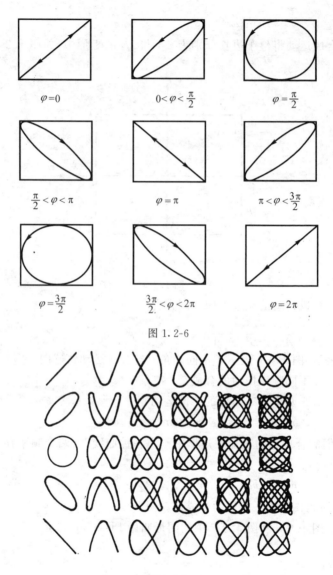

$\varphi=0$

$0<\varphi<\dfrac{\pi}{2}$

$\varphi=\dfrac{\pi}{2}$

$\dfrac{\pi}{2}<\varphi<\pi$

$\varphi=\pi$

$\pi<\varphi<\dfrac{3\pi}{2}$

$\varphi=\dfrac{3\pi}{2}$

$\dfrac{3\pi}{2}<\varphi<2\pi$

$\varphi=2\pi$

图 1.2-6

图 1.2-7

第三节　构成机械振动系统的基本元素

构成机械振动系统的基本元素有惯性、恢复性和阻尼。惯性就是能使物体当前运动持续下去的性质。恢复性就是能使物体位置恢复到平衡状态的性质。阻尼就是阻碍物体运动的性质。从能量的角度看,惯性是保持动能的元素,恢复性是贮存势能的元素,阻尼是使能量散逸的元素。

当物体沿 x 轴作直线运动时,惯性的大小可用质量来表示。根据牛顿第二定律,物体上作用的外力 F,物体由此而产生的加速度和物体质量 m 有下列关系

$$F = m \frac{\mathrm{d}^2 x}{\mathrm{d} t^2} \tag{1.3-1}$$

质量的单位为 kg。物体质量是反映其惯性的基本元件,质量的大小是反映物体惯性的基本物理参数。

典型的恢复性元件是弹簧,该恢复性元件所产生的恢复力 F_s 是该元件位移 x 的函数,即

$$F_s = F_s(x)$$

其作用方向与位移 x 的方向相反。当 $F_s(x)$ 为线性函数时,即 F_s 与位移 x 成正比时,有

$$F_s = -kx \tag{1.3-2}$$

比例常数 k 称为弹簧常数或弹簧的刚度系数,单位为 N/m。弹簧常数或刚度系数是反映物体恢复性的基本物理参数。线性弹簧用图 1.3-1 的符号表示。

图 1.3-1

阻尼力 F_d 反映阻尼的强弱,通常是速度 $\dot{x}$ 的函数。当阻尼力 F_d 与速度 $\dot{x}$ 成正比时,阻尼力可表示为

$$F_d = -c\dot{x} \tag{1.3-3}$$

这种阻尼称为粘性阻尼或线性阻尼,比例常数 c 称为粘性阻尼系数,单位为 N·s/m。粘性阻尼元件可用图 1.3-2 所示的阻尼器表示。阻尼系数是反映阻尼的基本物理参数。

质量、弹簧和阻尼器是构成机械振动系统物理模型的三个基本元件。质量大小、弹簧常数和阻尼系数是表示振动系统动特性的基本物理参数。

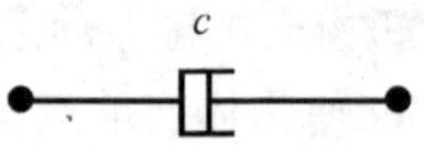

图 1.3-2

例 证明在微幅振动情况下,弹簧常数 k 是恢复力 $F_s(x)$ 曲线在原点处的斜率。

解 设 $F_s(x)$ 为非线性光滑曲线。取平衡点为原点,在原点的邻域将 $F_s(x)$ 展成 Taylor 级数,可得下式

$$F_s(x) = F_s(0) + \left(\frac{dF_s}{dx}\right)_{x=0} x + \left(\frac{d^2 F_s}{dx^2}\right)_{x=0} \frac{x^2}{2!} + \cdots$$

由于在 $x=0$ 处,$F_s(0)=0$。在微小位移下,x 二次幂以上的各项可忽略不计,故得

$$F_s(x) = \left(\frac{dF_s}{dx}\right)_{x=0} x = -kx$$

$$k = -\left(\frac{dF_s}{dx}\right)_{x=0}$$

命题得到证明。

第四节　　自由度与广义坐标

为了建立振动系统的数学模型,列出描述其运动的微分方程,必须确定系统的自由度数和描述系统运动的坐标。

物体运动时,受到各种条件的限制。这些限制条件称为约束条件。物体在这些约束条件下运动时,用于确定其位置所需的独立坐

标数就是该系统的自由度数。

一个质点在空间作自由运动,决定其位置需要三个独立的坐标,自由度数为3。而由n个相对位置可变的质点组成的质点系,其自由度数为$3n$。刚体运动可以分解为随质心的平动和绕质心的转动,需要确定其沿直角坐标x,y和z的三个平动位移和绕x,y和z的三个转角,所以其自由度数为6。弹性体、塑性体和流体等变形连续体,由于由无限个质点所组成,其自由度数有无限多个。

在振动分析中,为了简化,往往把连续体这种分布系统,用有限多个离散的集中参数系统来代替,作近似的描述。

当系统受到约束时,其自由度数为系统无约束时的自由度数与约束条件数之差。对于n个质点组成的质点系,各质点的位移可用$3n$个直角坐标$(x_1,y_1,z_1,\cdots,x_n,y_n,z_n)$来描述。当有$r$个约束条件时,约束方程为

$$f_k(x_1,y_1,z_1,\cdots,x_n,y_n,z_n)=0 \quad k=1,2,\cdots,r \quad (1.4\text{-}1)$$

为了确定各质点的位置,可选取$N=3n-r$个独立的坐标

$$q_j=q_j(x_1,y_1,z_1,\cdots,x_n,y_n,z_n) \quad j=1,2,\cdots,N$$

$$(1.4\text{-}2)$$

来代替$3n$个直角坐标。这种坐标叫做广义坐标。在广义坐标之间不存在约束条件,它们是独立的坐标。广义坐标必须能完整地描述系统的运动,其因次不一定是长度。因为选取了个数为自由度数N的广义坐标,运动方程就能写成不包含约束条件的形式。

例 确定单摆的自由度数和广义坐标(见图1.4-1)。

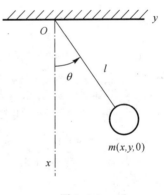

图 1.4-1

解 为了描述质点 m 的运动,建立直角坐标系 x,y,z。z 轴与 xOy 平面垂直。质点 m 在 xOy 平面中运动,其位置可用 $(x,y,0)$ 来表示。约束条件为 $z=0,x^2+y^2=l^2$。系统的自由度数 $N=3-2=1$。如取角位移 θ 为广义坐标来代替直角坐标,则 θ 就成为独立坐标,不需含有约束条件。广义坐标与直角坐标的关系式(1.4-2)就成为

$$\theta = \tan^{-1}\frac{y}{x}$$

习　题

1-1 用加速度计测得某结构按频率 25Hz 作简谐振动时的最大加速度为 $5g(g=9.80\text{m/s}^2)$。求此结构的振幅和最大速度。

答案:$A=0.199\times10^{-2}\text{m}$;$\dot{x}_{max}=0.312\text{m/s}$。

1-2 已知某机器的振动规律为 $x=0.5\sin\omega t+0.3\cos\omega t(\text{m})$,$\omega=10\pi\text{rad/s}$。问此振动是否简谐振动?试分别用 $x-t$,$\dot{x}-t$,$\ddot{x}-t$ 坐标作出运动图、速度图和加速度图,并在图上标出振幅、周期、最大速度、最大加速度和相位值。

答案:$A=0.584\times10^{-2}\text{m}$;$T=0.2\text{s}$;$\dot{x}_{max}=18.3\times10^{-2}\text{m/s}$;

$\ddot{x}_{max}=574.6\times10^{-2}\text{m/s}^2$。

1-3 图题 1-3 所示的周期函数,最大幅值为 a,周期为 T,试确定其平均值。

答案:$(a)a/2$; $(b)0$; $(c)a\tau/T$。

1-4 用一个有限的级数描述习题 1-3(b) 的函数

$$f(t)=a_1\sin\frac{2\pi t}{T}+a_3\sin\frac{6\pi t}{T}+a_5\sin\frac{10\pi t}{T}$$

用 $t=T/12,T/6$ 和 $T/4$ 计算 a_1,a_3 和 a_5。

答案:$a_1=1.07749$;$a_3=0$;$a_5=0.0774$。

1-5 计算下面运动的合成运动的振幅和相角。

a)$x_1=3\cos\omega t,x_2=5\cos(\omega t+35°)$

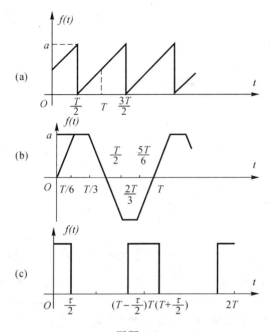

图题 1-3

b)$x_1 = 3\cos\omega t, x_2 = 45\sin\omega t, \quad x_3 = 2\cos(\omega t + 30°)$

c)$x_1 = 3\cos\omega t, x_2 = 6\sin(\omega t - \dfrac{\pi}{4})$

答案:a) $A = 7.65, \varphi = -22°$;

b) $A = 5.603, \varphi = -32°22'$;

c) $A = 4.42, \varphi = 106°15'$。

1-6 有两个垂直振动:$x = a\cos\omega t, y = b\cos(\omega t + \varphi)$。消去时间 t,并证明合成运动表示为一个椭圆。

答案:$\dfrac{x^2}{a^2} + \dfrac{y^2}{b^2} - \dfrac{2xy}{ab}\cos\varphi = \sin^2\varphi$

第二章

单自由度系统

第一节　概　　述

　　任何一个单自由度系统都可以用这样一个理论模型(图 2.1-1)来描述:它是由理想的质量 m ("无弹性"、"无阻尼"的质量)、理想的弹簧 k ("无质量"、"无阻尼"的弹簧)和理想的阻尼 c ("无质量"、"无弹性"的阻尼器)三个基本元件组成的系统。系统的运动只沿一个方向,比如,沿 x 方向发生。如果系统受到外力的作用,则外力也只沿这一方向,比如,外力 $F(t)$,沿 x 方向作用。

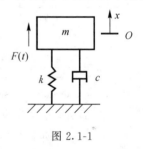

图 2.1-1

　　实际的机械系统是由许多零件、部件组成的,这些零件、部件的材料是既有质量,又有弹性和阻尼的物质,且有分布性质。运动也不一定只发生在某一位置和只沿一个方向。

　　那么,为什么要讨论单自由度系统的振动呢?首先,研究单自由度系统的振动有实践意义。很多机械系统,从振动学的角度看,为了满足工作性能的要求,只需研究其在最低阶自由振动频率附近的振动特性,而且在某一方向的振动决定了该系统工作性能的优劣。这时,为了改善机器工作的性能,分析其振动特性,可以把系统合理地简化为一个单自由度系统。虽然这是对实际系统的近似描述,但却使分析得以简化,抓住了问题的实质,满足了工程需要。例如,前章中提及的汽车由于颠簸而引起的振动,在一定条件下,可简化为图 2.1-1 的单自由度系统。其次,研究单自由度系统的振动具有理论意义。单自由度系统是最简单的振动系统,通过对单自由度系统的分析,能够简单明了地阐明机械振动学的一些基本概念、原理和方法。这些概念、原理和方法对于整个机械振动学的研究都是很重要的,它们是机械振动学的基础。

我们在这一部分将要讨论的系统都是时不变、集中参数的线性系统。那么,什么样的系统是一个线性系统呢?

从物理的观点看,一个系统(图 2.1-2)受到一个外界激励(或输入)$F_1(t)$ 时,可测得其响应(或输出)为 $x_2(t)$。而受到激励 $F_2(t)$ 时,测得的响应力 $x_2(t)$。它们可表示为

图 2.1-2

$$F_1(t) \rightarrow x_1(t) \atop F_2(t) \rightarrow x_2(t) \Bigg\} \qquad (2.1\text{-}1)$$

如果受到的激励将是 $F(t) = a_1 F_1(t) + a_2 F_2(t)$,对于线性系统,可以预测系统的响应将是 $x(t) = a_1 x_1(t) + a_2 x_2(t)$,$a_1$ 和 a_2 为任意常数。这一关系可表示为

$$a_1 F_1(t) + a_2 F_2(t) \rightarrow a_1 x_1(t) + a_2 x_2(t) \qquad (2.1\text{-}2)$$

式(2.1-1)和(2.1-2)表明,几个激励函数共同作用产生的总响应是各个响应函数的总和。这一结果叫做叠加原理,是一个系统成为线性系统的必要条件。叠加原理有效,意味着一个激励的存在并不影响另一个激励引起的响应;线性系统内各个激励产生的响应是互不影响的。为了分析在多个激励作用下系统的总效果,可以

先分析单个激励的效果,然后把它们加起来就得到各单个激励共同作用下的总效果。

从数学的观点看,线性系统由线性方程描述。对于时不变、集中参数的机械振动系统,由常系数、线性常微分方程描述,即表示为

$$\frac{\mathrm{d}^2 x}{\mathrm{d}t^2} + a_1 \frac{\mathrm{d}x}{\mathrm{d}t} + a_0 x = F(t) \qquad (2.1\text{-}3)$$

式中 a_0 和 a_1 是决定于系统的系数。如果有激励 $F_1(t)$ 和 $F_2(t)$ 分别激励出响应 $x_1(t)$ 和 $x_2(t)$,则有

$$\frac{\mathrm{d}^2 x_1}{\mathrm{d}t^2} + a_1 \frac{\mathrm{d}x_1}{\mathrm{d}t} + a_0 x_1 = F_1(t) \qquad (2.1\text{-}4)$$

$$\frac{\mathrm{d}^2 x_2}{\mathrm{d}t^2} + a_1 \frac{\mathrm{d}x_2}{\mathrm{d}t} + a_0 x_2 = F_2(t) \qquad (2.1\text{-}5)$$

式(2.1-4)和(2.1-5)相加,得

$$\frac{\mathrm{d}^2}{\mathrm{d}t^2}(x_1 + x_2) + a_1 \frac{\mathrm{d}}{\mathrm{d}t}(x_1 + x_2) + a_0(x_1 + x_2)$$
$$= F_1(t) + F_2(t) \qquad (2.1\text{-}6)$$

式(2.1-6)表明,系统对激励 $F_1(t) + F_2(t)$ 的响应等于对两个单激励响应之和 $x_1(t) + x_2(t)$。

对于线性方程,叠加原理成立;对于非线性方程,叠加原理不成立。

一般的说,实际的机械系统并不是线性系统,导出的运动方程也不是线性方程。那么,在怎样的条件下,系统才能作为一个线性系统来研究呢?让我们研究一个最简单的例子 —— 单摆(图 2.1-3)。可以导出其运动方程为

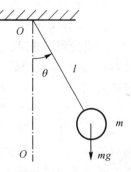

$$\ddot{\theta} + \frac{g}{l}\sin\theta = 0 \qquad (2.1\text{-}7)$$

图 2.1-3

这是一个非线性方程。可以证明,它不满足叠加原理,是一个非线性振动系统。为了研究单摆的运动规律,是否都要去解非线性微分方程呢?这取决于所研究单摆运动时振幅的大小。如果运动是在平衡位置近旁的微幅运动,就可以用一个线性微分方程来近似地描述,进行分析和研究它的运动规律。什么是微幅?在工程中是具体的。把 $\sin\theta$ 展开为 Taylor 级数,有

$$\sin\theta = \theta - \frac{\theta^3}{6} + \cdots$$
$$= \theta\left(1 - \frac{\theta^2}{6} + \cdots\right)$$

这时,方程(2.1-7)可表为

$$\ddot{\theta} + \frac{g}{l}\theta(1 - \frac{\theta^2}{6} + \cdots) = 0$$

把单摆作为线性系统进行研究,则其对应的运动方程为

$$\ddot{\theta} + \frac{g}{l}\theta = 0 \tag{2.1-8}$$

显然,用线性方程代替非线性方程来描述系统,存在着误差。相对误差的大小可近似地用 $\frac{\theta^2}{6}$ 来估量。因此,θ 小于何值,运动才可视作微幅的,这一问题决定于分析所要求的精度。如果期望相对误差小于 0.01,则 θ 应小于 0.245rad。

线性系统是在一定条件下对非线性系统的近似。微幅运动则是线性化的重要前提。

线性系统、线性方程满足叠加原理,这给分析带来了极大的方便,而大量的工程系统又能在一定的条件下简化为线性系统进行研究。因此,线性系统的机械振动理论得到了普遍的重视和广泛的应用。

第二节 无阻尼自由振动

图 2.1-1 所示的单自由度系统理论模型是一个一般的模型。实际的机械系统在运动中总要受到阻力，因而阻尼总是存在的。在有些情况下，阻尼很小，对系统运动的影响甚微。略去阻尼，使 $c = 0$，系统就成为一个无阻尼单自由度系统。这不仅使分析简化，而且能得到满意的结果。阻尼是一个很复杂的因素，有些系统阻尼的性质、大小很难确定。阻尼对抑制系统共振频率近旁的运动有决定作用，而对系统在非共振频率的运动影响不大。为了大致确定系统的共振频率和分析系统在非共振频率的运动，不考虑阻尼的存在，使 $c = 0$，作为无阻尼系统研究有时也是很有效的。

当 $F(t) \equiv 0$，即未受到外力作用时，系统就成为一个自由振动系统。

质量为 m 的质量块和弹簧常数为 k 的弹簧是组成振动系统最基本的元件，是不可缺少的。否则，就不会发生振动。

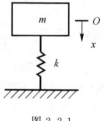

图 2.2-1

图 2.2-1 所示为单自由度无阻尼系统自由振动的理论模型，系统只在垂直方向振动，运动是微幅的。

当质量块未加在弹簧上时，弹簧未被压缩。此时，系统处于自由状态（图 2.2-2(a)）。把质量块静态加到弹簧上后，系统处于静平衡位置，弹簧静变形为 δ_{st}（图 2.2-2(b)）。这时，质量块的受力情况如图 2.2-2(c) 所示。由静平衡条件得

$$W = mg = k\delta_{\text{st}}$$

若给予系统某种扰动，比如，把弹簧向下压缩一个距离 x，弹簧的恢复力就要增大 kx，有

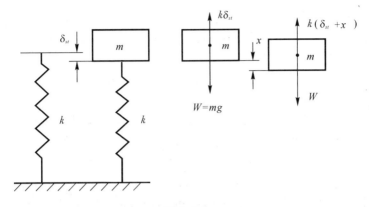

图 2.2-2

$$k(\delta_{\text{st}} + x) > W = mg$$

系统的静平衡状态遭到破坏(图 2.2-2(d)),弹簧力与重力不再平衡,即存在着不平衡的弹簧恢复力。系统依靠这一恢复力维持自由振动。我们以扰动加于系统上的这一时刻作为时间计算的原点,即 $t = 0$。因此,加到系统上的扰动也叫做初始扰动,一般叫做加于系统上的初始条件。加于系统上的初始扰动可以是初始位移或初始速度。

为了对系统进行研究,就要建立坐标。为方便起见,我们取系统静平衡位置作为空间坐标的原点,以 x 表示质量块由静平衡位置算起的垂直位移,假定向下为正。在某一时刻 t,系统的位移为 $x(t)$。由牛顿定律得

$$W - k(\delta_{\text{st}} + x) = m\ddot{x}$$

从而有

$$m\ddot{x} + kx = 0 \qquad\qquad (2.2\text{-}1)$$

这就是单自由度无阻尼系统自由振动的运动方程。

运动方程表明:

1) 质量块的重力($W = mg$)只对弹簧的静变形 δ_{st} 有影响,即

只对系统的静平衡位置有影响,而不会对系统在静平衡位置近旁振动的规律产生影响。因此,以静平衡位置作为空间坐标的原点来建立系统的运动方程,在方程中就不出现重力项。以后,没有特别指出,我们取系统的静平衡位置作为空间坐标的原点。在建立运动方程时,就不必计及 $W = mg$ 和 $k\delta_{\mathrm{st}}$。

2) $-kx$ 称为弹簧的恢复力,它的大小与位移成正比,方向与位移相反,始终指向静平衡位置,这是简谐振动的一个特点。

如果令 $\omega_n^2 = k/m$,系统的运动方程可表示为

$$\ddot{x} + \omega_n^2 x = 0 \tag{2.2-2}$$

方程(2.2-2)的解 $x(t)$ 必须在任何时间满足方程,那么,函数 $x(t)$ 就必须使其二阶导数与函数本身的 ω_n^2 倍之和等于零,且与时间无关。因此,函数 $x(t)$ 必须具有这样的性质:在微分过程中不改变其形式。我们知道,指数函数满足这一要求。因而假定方程的解为

$$x(t) = Be^{\lambda t} \tag{2.2-3}$$

的形式是合理的。式中 B 和 λ 是待定常数。代入方程(2.2-2),得

$$(\lambda^2 + \omega_n^2)Be^{\lambda t} = 0 \tag{2.2-4}$$

如果所假定的解确实是方程(2.2-2)的解,则方程(2.2-4)必须对所有时间成立。$e^{\lambda t}$ 不能满足这一要求,只有 $B = 0$ 或 $\lambda^2 + \omega_n^2 = 0$。$B = 0$ 是一个平凡解,不是我们所期望的。因此,方程(2.2-2)的解决定于

$$\lambda^2 + \omega_n^2 = 0 \tag{2.2-5}$$

方程(2.2-5)叫做系统的特征方程或频率方程,它有一对共轭虚根:$\lambda_1 = j\omega_n$,$\lambda_2 = -j\omega_n$,叫做系统的特征值或固有值。方程(2.2-2)的两个独立的特解分别为

$$x_1(t) = B_1e^{j\omega_n t}$$

$$x_2(t) = B_2e^{-j\omega_n t}$$

式中 B_1 和 B_2 是任意常数。方程的通解为

$$x(t) = B_1e^{j\omega_n t} + B_2e^{-j\omega_n t}$$

$$= (B_1 + B_2)\cos\omega_n t + j(B_1 - B_2)\sin\omega_n t$$
$$= D_1\cos\omega_n t + D_2\sin\omega_n t \qquad (2.2\text{-}6)$$

实际运动都是实的,$x(t)$ 是时间的实函数,任意常数 D_1 和 D_2 也应为实常数,那么,B_1 和 B_2 应为共轭复数。

方程的通解(2.2-6),从物理意义上说,表达了系统可能发生的一切自由振动,它是频率为 ω_n 的简谐振动。

系统发生的实际运动总是具体的运动,它决定于 D_1 和 D_2 的大小。从数学上说,知道了任一时刻,比如 t_1 时刻,系统的位移 $x(t_1)$ 和速度 $\dot{x}(t_1)$,就能确定 D_1 和 D_2。但对于自由振动这种物理现象,D_1 和 D_2 只能由 $t = 0$ 时施加于系统的初始条件:$x(0) = x_0$,$\dot{x}(0) = \dot{x}_0$ 来确定。因为,一个静止的系统要发生运动,必须有能量的输入。施加于系统的能量,在自由振动时其表现形式就是初始位移和初始速度,它们分别反映了施加于系统的势能和动能,根据初始条件可以确定

$$D_1 = x_0, D_2 = \frac{\dot{x}_0}{\omega_n} \qquad (2.2\text{-}7)$$

对于确定的初始条件,系统发生某种确定的运动为

$$x(t) = x_0\cos\omega_n t + \frac{\dot{x}_0}{\omega_n}\sin\omega_n t \qquad (2.2\text{-}8)$$

它是由两个相同频率的简谐运动所组成:一个与 $\cos\omega_n t$ 成正比,振幅决定于初始位移 x_0;一个与 $\sin\omega_n t$ 成正比,振幅决定于初始速度 $\dot{x}_0$。两个相同频率的简谐运动合成为

$$x(t) = A\sin(\omega_n t + \psi) \qquad (2.2\text{-}9)$$

式中

$$A = \sqrt{x_0^2 + \left(\frac{\dot{x}_0}{\omega_n}\right)^2}, \tan\psi = \frac{\omega_n x_0}{\dot{x}_0} \qquad (2.2\text{-}10)$$

A 为振幅,ψ 为初相角。其图形表示在图 2.2-3 上。

方程(2.2-9)和(2.2-10)表明,线性系统自由振动振幅的大小只决定于施加给系统的初始条件和系统本身的固有频率,而与

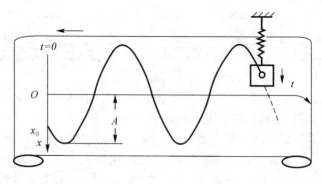

图 2.2-3

其他因素无关。线性系统自由振动的频率 $\omega_n = \sqrt{k/m}$ 只决定于系统本身参数，与初始条件无关，因而叫做系统的固有频率或无阻尼固有频率。

例 1 一轻质悬臂梁（图 2.2-4），长为 l，弯曲刚度为 EI，其自由端有集中质量 m。列出系统横向振动的运动方程，确定其固有频率。

解 长度为 l 的悬臂梁，右端受集中载荷 F 时，其挠度 δ 可按材料力学求得为

$$\delta = \frac{Fl^3}{3EI}$$

略去梁的质量，梁右端横向振动时的弹簧常数为

$$k = \frac{F}{\delta} = \frac{3EI}{l^3}$$

因而，系统的运动方程为

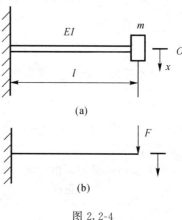

(a)

(b)

图 2.2-4

$$m\ddot{x} + \frac{3EI}{l^3}x = 0$$

其固有频率为

$$\omega_n = \sqrt{\frac{3EI}{ml^3}}$$

例2　一辆起重机被简化为图2.2-5的模型,确定系统在垂直方向振动时的固有频率。

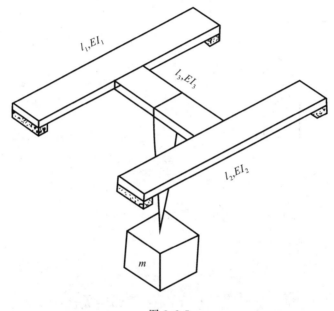

图 2.2-5

解　为了把系统简化成图2.2-1的理论模型,先计算弹簧常数 k。

为使问题简化起见,我们假定钢索是刚性的。这时,系统可简化为图2.2-6(a)的形式。弹簧 k_1 和 k_2 是并联关系。由图2.2-6(b)可见,当在 O 点受载荷 F 时,弹簧 k_1 和 k_2 所受的载荷若为 F_1 和 F_2,则有

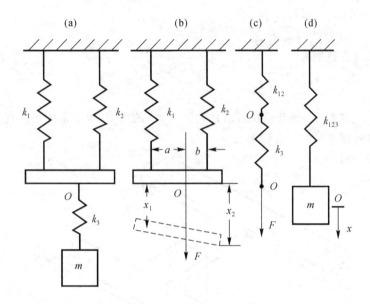

图 2.2-6

$$F_1 = \frac{Fb}{a+b}, \quad F_2 = \frac{Fa}{a+b}$$

弹簧 k_1 和 k_2 由此而产生的位移为 x_1 和 x_2，则

$$x_1 = \frac{Fb}{k_1(a+b)}, \quad x_2 = \frac{Fa}{k_2(a+b)}$$

这时，O 点的位移为 x_{12}，有

$$x_{12} = x_1 + (x_2 - x_1)\frac{a}{a+b} = \frac{F}{(a+b)^2}\left[\frac{b^2}{k_1} + \frac{a^2}{k_2}\right]$$

将弹簧 k_1 和 k_2 化为一等效弹簧 k_{12}，其大小为

$$k_{12} = \frac{F}{x_{12}} = \frac{(a+b)^2}{\dfrac{b^2}{k_1} + \dfrac{a^2}{k_2}}$$

若 $a = b$，则

$$k_{12} = \frac{1}{\dfrac{1}{4k_1} + \dfrac{1}{4k_2}}$$

由图 2.2-6(c) 可见,弹簧 k_{12} 与 k_3 是串联关系。当在 O' 点加载荷 F 时,弹簧 k_{12} 和 k_3 所受的载荷都是 F。而弹簧 k_{12} 和 k_3 产生的位移 x'_{12} 和 x_3 为

$$x'_{12} = \frac{F}{k_{12}}, \quad x_2 = \frac{F}{k_3}$$

O' 点的总位移 x_{123} 为

$$x_{123} = x'_{12} + x_3 = \frac{F}{k_{12}} + \frac{F}{k_3}$$

与弹簧 k_{12} 和 k_3 串联等效的弹簧常数 k_{123} 为

$$\frac{1}{k_{123}} = \frac{1}{k_{12}} + \frac{1}{k_3}$$

因此,系统简化为图 2.2-1 的理论模型时,若 $a = b$,其等效弹簧为 k_{123},大小为

$$k_{123} = \frac{1}{\dfrac{1}{4k_1} + \dfrac{1}{4k_2} + \dfrac{1}{k_3}}$$

固有频率 ω_n 为

$$\omega_n = \sqrt{\frac{m}{\dfrac{1}{4k_1} + \dfrac{1}{4k_2} + \dfrac{1}{k_3}}}$$

如果简支梁 1,2 和 3 受到的载荷都在中点,且 $l_1 = l_2 = l_3 = l, I_1 = I_2 = I_3$,则按材料力学可求得

$$k_1 = k_2 = k_3 = \frac{48EI}{l^3}$$

若钢索为弹性体,也可用相应的材料力学公式计算其弹簧常数,然后,按与其他弹簧间的连接关系,计算出计及钢索弹性时的等效弹簧常数。

例 3 确定图 2.2-7 所示扭转系统的固

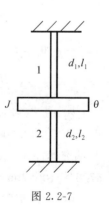

图 2.2-7

有频率。

解 杆1和杆2是两并联弹簧。与前例不同,两弹簧交于同一点,其等效弹簧常数 $k_{\theta 12}$ 为杆1的弹簧常数 $k_{\theta 1}$ 和杆2的弹簧常数 $k_{\theta 2}$ 之和,即

$$k_{\theta 12} = k_{\theta 1} + k_{\theta 2}$$

由方程可知,若两弹簧中有一个非常刚强,比如,$k_{\theta 1} \gg k_{\theta 2}$,合成后的等效弹簧常数将决定于 $k_{\theta 1}$。

对于扭转,扭矩 T 与角位移 θ 的关系有

$$T = \frac{GI_n}{l}\theta$$

式中 G 为剪切弹性模量,I_n 为扭转时截面的极惯性矩。对于圆截面有

$$I_n = \frac{\pi d^4}{32}$$

因此,有

$$k_{\theta 1} = \frac{G\pi d_1^4}{32 l_1}, \quad k_{\theta 2} = \frac{G\pi d_2^4}{32 l_2}$$

系统的运动方程为

$$J\ddot{\theta} + \frac{G\pi}{32}\left(\frac{d_1^4}{l_1} + \frac{d_2^4}{l_2}\right)\theta = 0$$

系统固有频率为

$$\omega_n = \sqrt{\frac{k_{\theta 12}}{J}} = \sqrt{\frac{G\pi}{32J}\left(\frac{d_1^4}{l_1} + \frac{d_2^4}{l_2}\right)}$$

例4 一卷扬机,通过钢索和滑轮吊挂重物(图2.2-8)。重物重量 $W = 147000\text{N}$,以 $v = 0.025\text{m/s}$ 等速下降。如突然制动,钢索上端突然停止。这时钢索中的最大张力是多少?钢索弹簧常数为 $5782 \times 10^3 \text{N/m}$。

解 在正常工作时,重物以等速下降,钢索中的张力 $T_1 = 147000\text{N}$,系统处于静平衡状态。钢索是一弹性体,系统可表示为

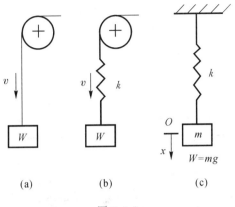

(a)	(b)	(c)

图 2.2-8

图 2.2-8(b) 的形式。

突然停止,把这一时刻作为时间的起点 $t = 0$,并以这一时刻重物静平衡的位置作为坐标原点,则系统可简化图 2.2-8(c) 的模型。系统的固有频率为

$$\omega_n = \sqrt{\frac{k}{W/g}} = 19.6(\text{rad/s})$$

施加于系统的初始条件为

$$x(0) = 0, \dot{x}(0) = v$$

代入方程

$$x(t) = A\sin(\omega_n t + \psi)$$

得

$$A = 0.00128\text{m}$$

由振动引起钢索中的动张力

$$T_2 = kA = 7400.96(\text{N})$$

这时,钢索中张力为

$$T = T_1 + T_2 = 154400.96(\text{N})$$

例 5 有一弹簧 — 质量系统,如图 2.2-9 所示。有一个质量 m

从高度 h 处自由落下,落在 m_1 上。假设为弹性碰撞,且没有反弹。试确定系统由此而发生的自由振动。

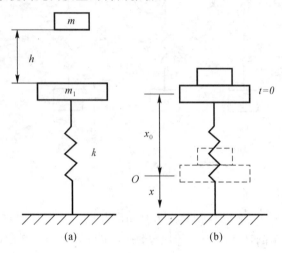

图 2.2-9

解 m 与 m_1 碰撞这一时刻,作为时间起点 $t = 0$。这时,m_1 和 m 有速度 v_0

$$v_0 = \frac{m}{m_1 + m} \sqrt{2gh}$$

取质量 m 和 m_1 与 k 形成的新系统的静平衡位置为坐标原点,则有初始位移

$$x(0) = -x_0 = -\frac{mg}{k}$$

初始速度

$$\dot{x}(0) = v_0$$

该系统的固有频率 ω_n 为

$$\omega_n = \sqrt{\frac{k}{m + m_1}}$$

由初始条件所确定的系统的自由振动为

$$x(t) = -\frac{mg}{k}\cos\omega_n t + \frac{m\sqrt{2gh}}{(m_1 + m)\omega_n}\sin\omega_n t$$

第三节　能量法

一个无阻尼的弹簧 — 质量系统(图 2.3-1),作自由振动时,由于不存在阻尼,没有能量从系统中散逸;若没有持续的激励,即没有能量的不断输入,则系统的机械能守恒。在振动的每一个时刻,机械能保持不变,即

$$T + U = E = 常数 \qquad (2.3-1)$$

式中 T 和 U 分别表示系统的动能和势能。因此,有

$$\frac{\mathrm{d}}{\mathrm{d}t}(T + U) = 0 \qquad (2.3-2)$$

如果系统在某一时刻 t 的位移为 $x(t)$,速度为 $\dot{x}(t)$,则系统的动能为

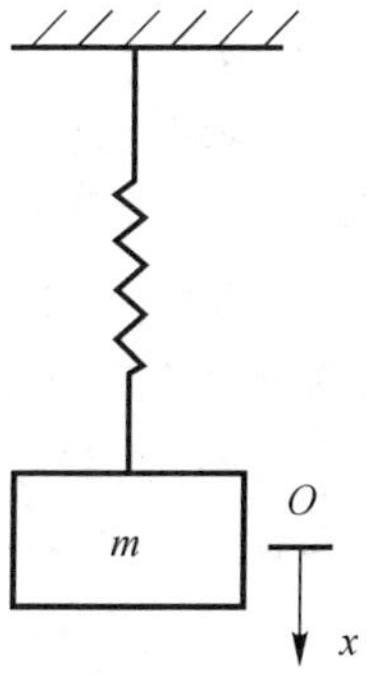

$$T = \frac{1}{2}m\dot{x}^2 \qquad (2.3-3)$$

图 2.3-1

系统势能是重力势能和弹簧的弹性势能之和。系统从一个位置运动到另一个位置时,势能的变化等于力所作功的负值。因此,由图 2.3-2 和 $mg = k\delta_{st}$,得

$$U = -\int_0^x [mg - k(\delta_{st} + \xi)]\mathrm{d}\xi$$

$$= \frac{1}{2}kx^2 \qquad (2.3-4)$$

将式(2.3-3)和(2.3-4)代入式(2.3-2),有

$$\frac{\mathrm{d}}{\mathrm{d}t}\left(\frac{1}{2}m\dot{x}^2 + \frac{1}{2}kx^2\right) = 0$$

或

$$(m\ddot{x} + kx)\dot{x} = 0$$

$$(2.3\text{-}5)$$

显然,当

$$m\ddot{x} + kx = 0 \qquad (2.3\text{-}6)$$

时,方程(2.3-5)将被满足。它就是系统的运动方程。平凡解 $\dot{x} = 0$ 是静平衡条件,它不是现在感兴趣的。

系统的动能和势能彼此将进行交换。当动能为最大时,势能最小;而当动能最小时,势能最大。若把势能的基点取为平衡位置,则该点的势能为零,为最小值,动能为最大。

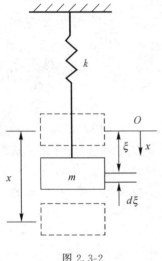

图 2.3-2

而在速度为零的一点上,动能为零,势能最大。动能和势能的最大值相等,即

$$T_{\max} = U_{\max} \qquad (2.3\text{-}7)$$

这一关系式是求无阻尼振动系统固有频率的重要准则。

对于图 2.3-1 的系统,其自由振动为简谐运动,即

$$x(t) = A\sin(\omega_n t + \psi)$$

由此可得其最大动能和最大势能为

$$T_{\max} = \frac{1}{2}m\omega_n^2 A^2, U_{\max} = \frac{1}{2}kA^2$$

由于

$$\frac{1}{2}m\omega_n^2 A^2 = \frac{1}{2}kA^2$$

并定义

$$T_m = \frac{1}{2}mA^2$$

故可得

$$\omega_n = \sqrt{\frac{U_{\max}}{T_m}} = \sqrt{\frac{k}{m}} \qquad (2.3\text{-}8)$$

例 有一弹簧 — 质量系统(见图 2.3-3),计及弹簧质量。试确定系统的固有频率。

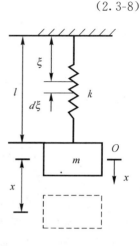

图 2.3-3

解 系统处于静平衡位置时,弹簧长度为 l,单位长度的重量为 r。当系统有位移 x 和速度 $\dot{x}$ 时,距离上端 ξ 处的位置为 $\frac{\xi}{l}x$,速度为 $\frac{\xi}{l}\dot{x}$。此时系统的动能有两部分:质量块 m 的动能

$$T_1 = \frac{1}{2}m\dot{x}_2$$

和弹簧质量所具有的动能

$$T_2 = \frac{1}{2}\int_0^l \frac{r}{g}\frac{\xi^2}{l^2}\dot{x}^2 \mathrm{d}\xi$$

$$= \frac{1}{2}\cdot\frac{rl}{3g}\dot{x}^2$$

令弹簧的总质量为 m_1,有

$$m_1 = \frac{rl}{g}$$

这时

$$T_2 = \frac{1}{2}\cdot\frac{m_1}{3}\dot{x}^2$$

故系统的总动能为

$$T = \frac{1}{2}\left(m + \frac{m_1}{3}\right)\dot{x}^2$$

而系统的势能为

$$U = \frac{1}{2}kx^2$$

因而,系统的固有频率 ω_n 为

$$\omega_n = \sqrt{\frac{3m}{3m + m_1}} \cdot \sqrt{\frac{k}{m}}$$

结果表明,对于一端固定、一端自由的情况,在计及弹簧质量时,只要作这样的修正:把弹簧质量的 1/3 作为集中质量加到质量块 m 上,将等效质量 $m_e = m + \dfrac{m_1}{3}$ 作为系统的质量就可以得到一个等效的无质量弹簧的模型。

第四节   有阻尼自由振动

在实际系统中总存在着阻尼,总是有能量的散逸,系统不可能持续作等幅的自由振动,而是随着时间的推移振幅将不断减小。这种自由振动叫做有阻尼自由振动。

最常见的阻尼是粘性阻尼、库伦阻尼或干摩擦阻尼和结构阻尼。我们将着重讨论粘性阻尼。如果没有特别说明,有阻尼系统就是指粘性阻尼系统。

一、粘性阻尼

为了说明粘性阻尼,让我们研究图 2.4-1 所示的一个粘性阻尼器。一个直径为 d,长为 L 的活塞,带有两个直径为 D 的小孔。油的粘度为 μ,密度为 ρ。对层流,通过小孔的压力降为

$$\Delta p = \rho \left(\frac{L}{D} \right) \frac{U^2}{2} f$$

式中 U 是油流过小孔的平均速度,f 为摩擦系数,有

$$f = \frac{64\mu}{UD\rho}$$

因而

$$\Delta p = \frac{32L\mu}{D^2}U$$

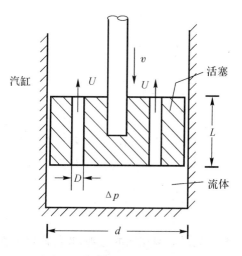

图 2.4-1

而油的平均速度 U 有下列关系

$$U = \frac{1}{2}\left(\frac{d}{D}\right)^2 v$$

式中 v 是活塞运动速度,所以

$$\Delta p = \frac{16L\mu}{D^2}\left(\frac{d}{D}\right)^2 v$$

由于 Δp 而作用于活塞上阻力的大小近似地表示为

$$F_d = \frac{\pi d^2}{4}\Delta p = 4\pi L\mu\left(\frac{d}{D}\right)^4 v$$

这表明,粘性阻尼器的阻尼力与速度成正比,方向与速度相反。这时,阻尼系数为

$$c = 4\pi L\mu\left(\frac{d}{D}\right)^4$$

这一模型说明了粘性阻尼的基本概念。

二、粘性阻尼自由振动

具有粘性阻尼的单自由度系统的理论模型如图 2.4-2 所示。

应用牛顿定律，可列出系统的运动方程

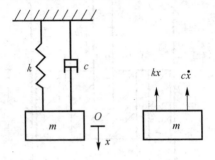

图 2.4-2

$$m\ddot{x} + c\dot{x} + kx = 0 \qquad (2.4\text{-}1)$$

与解无阻尼系统运动方程相同的道理，我们假定方程的解为

$$x(t) = Be^{\lambda t}$$

代入方程(2.4-1)，得系统的特征方程或频率方程

$$m\lambda^2 + c\lambda + k = 0 \qquad (2.4\text{-}2)$$

方程(2.4-2)的根为

$$\lambda_{1,2} = -\frac{c}{2m} \pm \sqrt{\left(\frac{c}{2m}\right)^2 - \frac{k}{m}} \qquad (2.4\text{-}3)$$

$\lambda_{1,2}$ 也称为方程(2.4-1)的特征值或固有值。方程(2.4-1)的通解为

$$x(t) = B_1 e^{\lambda_1 t} + B_2 e^{\lambda_2 t} \qquad (2.4\text{-}4)$$

B_1 和 B_2 为任意常数，由施加于系统的初始条件 $x(0) = x_0$，$\dot{x}(0)$ $= \dot{x}_0$ 确定。我们知道，特征值 λ_1 和 λ_2 取决于量 $[(c/2m)^2 - k/m]$。当其为零时，有

$$\frac{c}{2m} = \sqrt{\frac{k}{m}} = \omega_n$$

或 $\qquad c = 2m\omega_n = 2\sqrt{mk}$

这时，特征值为二重根 $\lambda_1 = \lambda_2 = -c/2m$，方程(2.4-1)的通解为

$$x(t) = (B_1 + B_2 t)e^{-(c/2m)t} \qquad (2.4\text{-}5)$$

出 现重特征值的情况有着特定的意义，我们称这时的阻尼系数为临界阻尼系数，用 $c_0 = 2\sqrt{mk}$ 来表示。利用临界阻尼系数的符号，式（2.4-3），即特征值的表达式可重写为

$$\lambda_{1,2} = -\frac{c}{c_0}\omega_n \pm \omega_n\sqrt{(\frac{c}{c_0})^2 - 1} \qquad (2.4-6)$$

或 $\qquad \lambda_{1,2} = (1 - \zeta \pm \sqrt{\zeta^2 - 1})\omega_n \qquad (2.4-7)$

式中

$$\zeta = \frac{c}{c_0} = \frac{c}{2\sqrt{mk}} = \frac{c}{2m\omega_n} \qquad (2.4-8)$$

叫做阻尼比，是系统的实际阻尼系数与系统临界阻尼系数之比。利用系统的阻尼比 ζ 和无阻尼固有频率 ω_n，可将方程（2.4-1）改写为

$$\ddot{x} + 2\zeta\omega_n\dot{x} + \omega_n^2 x = 0 \qquad (2.4-9)$$

方程（2.4-7）表明，特征值 λ_1 和 λ_2 的性质决定于 ζ 的值。

1. $\zeta < 1$ 或 $c < 2\sqrt{mk}$

这时，特征值为二共轭复根

$$\lambda_{1,2} = (-\zeta \pm j\sqrt{1 - \zeta^2})\omega_n \qquad (2.4-10)$$

方程（2.4-1）或（2.4-9）的通解可表示为

$$x(t) = B_1 e^{(-\zeta+j\sqrt{1-\zeta^2})\omega_n t} + B_2 e^{(-\zeta-j\sqrt{1-\zeta^2})\omega_n t}$$
$$= e^{-\zeta\omega_n t}(D_1\cos\sqrt{1-\zeta^2}\omega_n t + D_2\sin\sqrt{1-\zeta^2}\omega_n t)$$
$$(2.4-11)$$

式中任意常数 B_1 和 B_2 为共轭复数，D_1 和 D_2 为实常数。方程的解还可表示为

$$x(t) = A e^{-\zeta\omega_n t}\sin(\omega_d t + \psi) \qquad (2.4-12)$$

式中 $\qquad \omega_d = \sqrt{1 - \zeta^2}\omega_n \qquad (2.4-13)$

叫做有阻尼固有频率，它只决定于系统的物理参数，ψ 为初相角。粘性阻尼系统的自由振动，其位移是一个具有振幅随时间按指数衰减的简谐函数。其一般的运动形式表示在图 2.4-3 上。

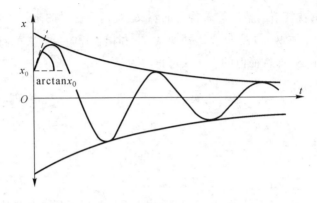

图 2.4-3

实际阻尼小于临界阻尼的系统叫做欠阻尼系统或弱阻尼系统。

2. $\zeta = 1$ 或 $c = c_0 = 2\sqrt{mk}$

这时,系统的阻尼系数等于系统的临界阻尼系数,这种系统叫做临界阻尼系统。由于 $\zeta = 1$,系统的运动可表示为

$$x(t) = (B_1 + B_2 t)e^{-\omega_n t} \qquad (2.4\text{-}14)$$

这是一个时间的线性函数与一个按指数衰减的函数之积。其一般运动形式表示于图 2.4-4。显然系统不发生振荡。

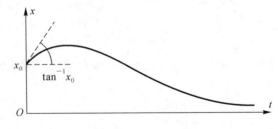

图 2.4-4

3. $\zeta > 1$ 或 $c > 2\sqrt{mk}$

这时，系统叫做过阻尼系统或强阻尼系统，其特征值为两实数，即

$$\lambda_{1,2} = (-\zeta \pm \sqrt{\zeta^2 - 1})\omega_n \qquad (2.4\text{-}15)$$

由于 $\sqrt{\zeta^2 - 1} < \zeta$，可以看出 λ_1 和 λ_2 都是负实数，因而系统的运动是两个按指数衰减的运动之和

$$x(t) = B_1 e^{(-\zeta + \sqrt{\zeta^2 - 1})\omega_n t} + B_2 e^{(-\zeta - \sqrt{\zeta^2 - 1})\omega_n t} \qquad (2.4\text{-}16)$$

系统的运动将是非振荡的，其形式如图 2.4-5 所示。

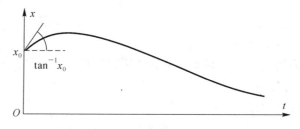

图 2.4-5

例1 有一个有阻尼系统，质量为 m，弹簧常数为 k。测得其自由振动数据，试确定其阻尼大小。

解 由方程（2.4-12）和图 2.4-3 可知，在时间 t_i，系统运动的幅值为 x_i，即有

$$x_i = x(t_i) = Ae^{-\zeta\omega_n t_i}\sin(\omega_d t_i + \psi)$$

而在 $t_i + T$ 时刻，T 为周期，其振动幅值为 x_{i+T}，有

$$x_{i+T} = x(t_i + T) = Ae^{-\zeta\omega_n(t_i + T)}\sin(\omega_d t_i + \psi)$$

前后两幅值的比为

$$\frac{x_i}{x_{i+T}} = \frac{Ae^{-\zeta\omega_n t_i}}{Ae^{-\zeta\omega_n(t_i + T)}} = e^{\zeta\omega_n T} = 常数$$

方程表明，系统任两个相差周期 T 的幅值的比是常数。令

$$\delta = \ln \frac{x_i}{x_{i+T}} = \ln e^{\zeta\omega_n T} = \zeta\omega_n T$$

把

$$T = \frac{2\pi}{\omega_d} = \frac{2\pi}{\omega_n \sqrt{1 - \zeta^2}}$$

代入上式,得

$$\delta = \frac{2\pi\zeta}{\sqrt{1 - \zeta^2}}$$

如果 ζ 很小,则 $\delta \simeq 2\pi\zeta$。δ 叫做对数衰减率。也可由相隔 n 个周期的幅值 x_i 和 x_{i+nT}(n 为整数)之比来确定,即

$$\ln \frac{x_i}{x_{i+nT}} = n\zeta\omega_n T = n\delta$$

根据测得的自由振动数据,由 x_i 与 x_{i+T} 或与 x_{i+nT} 确定 δ,从而确定 ζ。再由 m、k 和 ζ 确定 c。

当系统的阻尼机制无法精确知道而要用等效粘性阻尼建模时,这个方法特别有用。

几种常用材料的对数衰减率见表 2.1。

表 2.1

材　　料	δ
橡皮	0.25200
铆接的钢结构	0.18900
混凝土	0.12600
木材	0.01890
冷轧钢	0.00378
冷轧铝	0.00126
磷青铜	0.00044

例 2　一个有阻尼弹簧 — 质量系统,$m = 8\text{kg}$,$k = 5\text{N/mm}$,$c = 0.2\text{N} \cdot \text{s/mm}$。试确定质量 m 振动时的位移表达式。

解　系统的无阻尼固有频率为

$$\omega_n = \sqrt{\frac{k}{m}} = \sqrt{\frac{5 \times 1000}{8}} = 25(\text{rad/s})$$

系统的临界阻尼系数为

$$c_c = 2m\omega_n = 2 \times 8 \times 25 = 400(\text{N} \cdot \text{s/m})$$

系统的阻尼比为

$$\zeta = \frac{c}{c_c} = \frac{0.2}{0.4} = 0.5$$

显然系统是弱阻尼系统,其有阻尼固有频率为

$$\omega_d = \sqrt{1 - (0.5)^2} \times 25 = 21.65(\text{rad/s})$$

及

$$\zeta\omega_n = 0.5 \times 25 = 12.5$$

因而系统自由振动时的位移表达式为

$$x(t) = A\mathrm{e}^{-12.5t}\sin(21.65t + \psi)$$

A 和 ψ 由施加于系统的初始条件 $x(0) = x_0$,$\dot{x}(0) = \dot{x}_0$ 确定。

例 3 一台水准仪,由轻质杆 B 和一个直径为 d 的浮筒构成(图 2.4-6(a))。为使系统稳定不发生振动,安装了粘性阻尼器。试确定阻尼器的阻尼系数。

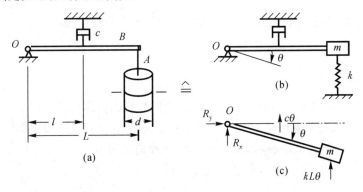

图 2.4-6

解 假定浮筒的质量为 m,横截面积为 A,液体的密度为 ρ。阻尼器安装在距支点 l 处,略去杆 B 的质量。浮筒在液体中沿垂直方向振动时(图 2.4-7),其运动方程为

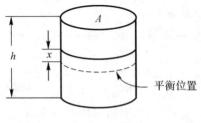

平衡位置

图 2.4-7

$$m\ddot{x} + \rho g A x = 0$$

其等效弹簧常数为 $k = \rho g A$。因而系统的物理模型可表示为图 2.4-6(b)。从而得系统的运动方程

$$mL^2\ddot{\theta} + cl^2\dot{\theta} + kL^2\theta = 0$$

因而有

$$(c_c l^2)^2 = 4(mL^2)(kL^2)$$

得临界阻尼系数

$$c_0 = \left(\frac{L}{l}\right)^2 \sqrt{4mk} = 2\left(\frac{L}{l}\right)^2 \sqrt{m\rho g A}$$

要使系统不发生自由振动,阻尼器的阻尼系数应满足

$$c \geqslant c_0$$

三、结构阻尼

试验表明,弹性材料,特别是金属材料表示出一种结构阻尼的性质。这种阻尼是由于材料受力变形而产生的内摩擦,力和变形之间产生了相位滞后,见图 2.4-8。这种曲线叫做迟滞曲线。所包含的面积是每一加载循环中能量的损失,可表示为

$$\Delta E = \int F \mathrm{d}x$$

试验表明,在结构阻尼中,每一循环损失的能量与材料的刚度成正比,与位移振幅的平方成正比,而与频率无关。它可表示为

$$\Delta E = \pi \beta k A^2 = \pi h A^2$$

β 为无量纲的结构阻尼常数,k 是等效弹簧常数,A 是振幅。

结构阻尼虽是最常见的一种阻尼形式,由于它用能量损失来定义,且和振幅间有非线性关系,故在数学上难于处理。为此,定义了一个等效粘性阻尼系数,使得两者在每一循环中损失的能量相等。

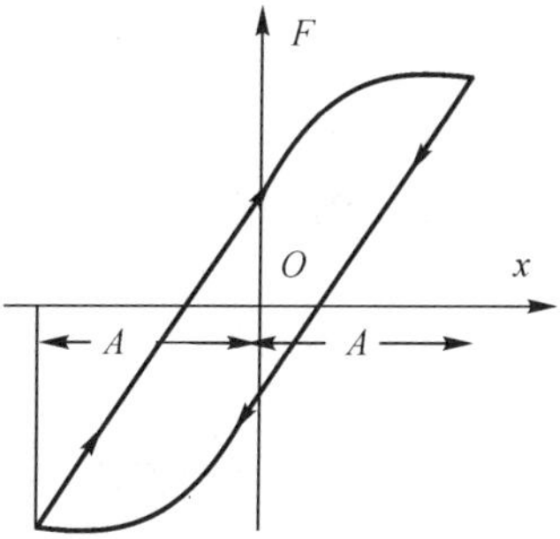

图 2.4-8

对于简谐振动,粘性阻尼产生的阻尼力为

$$F_d = -c\dot{x}$$
$$= c\omega A\cos(\omega t + \phi)$$

在每一循环中损失的能量为

$$\Delta E = \int_0^{2\pi/\omega} c\dot{x}\mathrm{d}x$$
$$= \int_0^{2\pi/\omega} c\dot{x}^2\mathrm{d}t = \pi c\omega A^2$$

使 ΔE 的两个方程相等,并用 c_e 表示等效粘性阻尼系数,则有

$$c_e = \frac{\beta k}{\omega} = \frac{h}{\omega} \tag{2.4-17}$$

对于结构阻尼,其对数衰减率为

$$\delta \simeq \pi\beta$$

可以用实验确定 β,从而算出其等效粘性阻尼系数。

四、库伦阻尼

当物体在没有润滑的表面上滑动时,会产生干摩擦力。干摩擦力的大小正比于接触表面间的法向力,方向与运动方向相反。用数学式子则可表示为

$$F_d = -\mu W \frac{\dot{x}}{|\dot{x}|} = -\mu W \mathrm{Sgn}(\dot{x}) \qquad (2.4\text{-}18)$$

式中 μ 为动摩擦系数，W 为质量块的重量，Sgn 为符号函数。具有库伦阻尼系统的理论模型表示于图 2.4-9。其运动方程为

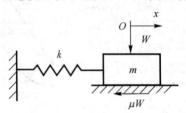

图 2.4-9

$$m\ddot{x} + \mu W \mathrm{Sgn}(\dot{x}) + kx = 0 \qquad (2.4\text{-}19)$$

方程(2.4-19)是一个非线性方程，但可以分解为两个线性方程，一个对应于正的 $\dot{x}$，另一个对应于负的 $\dot{x}$，即

$$\left.\begin{array}{ll} m\ddot{x} + kx = -\mu W & \dot{x} > 0 \\ m\ddot{x} + kx = \mu W & \dot{x} < 0 \end{array}\right\} \qquad (2.4\text{-}20)$$

方程(2.4-20)是一个非齐次微分方程，它的解有两部分，齐次方程的解和非齐次方程的特解。因此，可表示为

$$x(t) = A\sin(\omega_n t + \psi) - \frac{\mu W}{k} \qquad \dot{x} > 0 \qquad (2.4\text{-}21)$$

$$x(t) = A\sin(\omega_n t + \psi) + \frac{\mu W}{k} \qquad \dot{x} < 0 \qquad (2.4\text{-}22)$$

假定系统受到初始条件 $x(0) = x_0$，$\dot{x}(0) = 0$ 的作用，系统向左边运动。这时，系统的位移表达式为

$$x(t) = \left(x_0 - \frac{\mu W}{k} \right)\cos\omega_n t + \frac{\mu W}{k} \qquad (2.4\text{-}23)$$

方程(2.4-23)只在运动方向逆向以前适用，这时速度将变为零，有

$$\dot{x}(t) = -\omega_n \left(x_0 - \frac{\mu W}{k} \right)\sin\omega_n t = 0$$

对应于时刻 $t = \pi/\omega_n = T/2$，这时位移为

$$x\left(\frac{\pi}{\omega_n}\right) = \left(x_0 - \frac{\mu W}{k}\right)(-1) + \frac{\mu W}{k} = -\left(x_0 - 2\frac{\mu W}{k}\right)$$

上式表明,运动到左边的最大位移比原始位移 x_0 小了 $2\frac{\mu W}{k}$,这是因干摩擦而引起的能量损失的结果。对于下半个循环(向右运动),由方程(2.4-21)描述,其初始条件为 $x(\pi/\omega_n) = -(x_0 - 2\mu W/k)$ 和 $\dot{x}(\pi/\omega_n) = 0$,且 $x_0 > 2\frac{\mu W}{k}$,故得

$$x(t) = \left(x_0 - 3\frac{\mu W}{k}\right)\cos\omega_n t - \frac{\mu W}{k} \qquad (2.4\text{-}24)$$

这个表达式只是对极右位置,在速度再次变为零以前有效。为了寻找对应的时间,使速度等于零,得 $t = 2\pi/\omega_n = T$。这时的最大位移为

$$x\left(\frac{2\pi}{\omega_n}\right) = \left(x_0 - 3\frac{\mu W}{k}\right) - \frac{\mu W}{k} = x_0 - 4\frac{\mu W}{k}$$

这时,系统运动了一个循环,但没有回到起始位置,而是到达

$$x = x_0 - 4\frac{\mu W}{k}$$

继续这一过程,我们将发现:每半个循环振幅将减小 $2\frac{\mu W}{k}$。

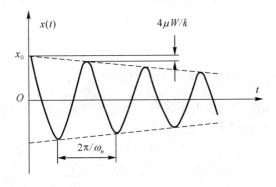

图 2.4-10

具有库伦阻尼的系统,其运动是一个具有线性衰减振幅的简谐运动(图 2.4-10)。自由振动的频率不受阻尼的影响。最后,系统

的运动并不一定停留在原来的静止位置,这是因为当运动幅值为x_i时,恢复力kx_i比摩擦力μW小,系统运动就逐渐停止。

第五节　简谐激励作用下的强迫振动

前面我们讨论了单自由度系统的自由振动问题,系统的运动方程为一齐次微分方程,系统是因在某一时刻受到初始扰动$x(0),\dot{x}(0)$的作用而发生振动。由于这一扰动不是持续的,而是在某一时刻作用于系统,这一时刻作为计量时间的起点,因此,自由振动也叫做系统对初始条件$x(0)$和$\dot{x}(0)$作用的响应。系统发生自由振动的频率(无阻尼固有频率ω_n或有阻尼固有频率ω_d)是系统固有的,只决定于构成系统的物理参数,与初始条件无关。这些固有性质不仅对自由振动,而且对强迫振动也是重要的。

现在,我们将研究单自由度系统的强迫振动问题,即系统受到持续的外界激励所引起的振动问题。在这一节,我们讨论的是最简单的情况 —— 系统受到简谐激励作用所发生的振动。对于机械系统,有三种典型情况:简谐激励力作用、系统本身的不平衡和基础或支承运动。

一、简谐激励力作用下的强迫振动

单自由度系统在简谐激励力作用下的强迫振动的理论模型如图 2.5-1 所示。系统的运动方程为

$$m\ddot{x} + c\dot{x} + kx = F\sin\omega t \tag{2.5-1}$$

式中F为激励力振幅,ω为激励频率。方程是一个非齐次方程,在一般情况下,还受到初始条件$x(0) = x_0, \dot{x}(0) = \dot{x}_0$的作用。

为了研究系统运动的规律,就要确定方程(2.5-1)的解。非齐次方程的通解有两部分:齐次方程的通解和非齐次方程的特解,对

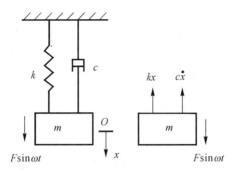

图 2.5-1

于欠阻尼系统,式(2.5-1)的齐次方程的通解为

$$x_h(t) = A\mathrm{e}^{-\zeta\omega_n t}\sin(\omega_d t + \psi) \tag{2.5-2}$$

式(2.5-1)的特解,我们用复指数法来求解。为此,我们以 $F\mathrm{e}^{\mathrm{j}\omega t}$ 代换 $F\sin\omega t$,得

$$m\ddot{x} + c\dot{x} + kx = F\mathrm{e}^{\mathrm{j}\omega t} \tag{2.5-3}$$

假定方程的特解为

$$x_s(t) = \overline{X}\mathrm{e}^{\mathrm{j}\omega t} \tag{2.5-4}$$

式中 $\overline{X}$ 为复振幅。代入方程(2.5-3),有

$$(-\omega^2 m + \mathrm{j}\omega c + k)\overline{X}\mathrm{e}^{\mathrm{j}\omega t} = F\mathrm{e}^{\mathrm{j}\omega t} \tag{2.5-5}$$

从而得

$$\overline{X} = \frac{F}{k - \omega^2 m + \mathrm{j}\omega c} = X\mathrm{e}^{-\mathrm{j}\varphi} \tag{2.5-6}$$

式中 X 为振幅,是复振幅 $\overline{X}$ 的模,即

$$X = |\overline{X}| = \frac{F}{\sqrt{(k - \omega^2 m)^2 + \omega^2 c^2}} \tag{2.5-7}$$

φ 为相角,是复振幅 $\overline{X}$ 的幅角,有

$$\varphi = \mathrm{Arg}\overline{X} = \tan^{-1}\frac{\omega c}{k - \omega^2 m} \tag{2.5-8}$$

因此,方程(2.5-3)的特解为

$$x_s(t) = X\mathrm{e}^{\mathrm{j}(\omega t - \varphi)} \tag{2.5-9}$$

由于方程(2.5-1)中的激励力是正弦函数,由 $F\sin\omega t = \mathrm{Im}[F\mathrm{e}^{\mathrm{j}\omega t}]$,

方程(2.5-1)的特解，也取式(2.5-9)的虚部。因而，对于弱阻尼系统，方程(2.5-1)的通解为

$$x(t) = x_h(t) + x_s(t)$$

$$= Ae^{-\zeta\omega_n t}\sin(\omega_d t + \psi)$$

$$+ \frac{F}{\sqrt{(k - \omega^2 m)^2 + \omega^2 c^2}}\sin(\omega t - \varphi) \quad (2.5\text{-}10)$$

把初始条件 $x(0) = x_0, \dot{x}(0) = \dot{x}_0$ 代入方程(2.5-10)就得到了系统在该初始条件下，在简谐激励力作用下运动的表达式。方程(2.5-10)描述的振动运动表示在图 2.5-2 上。由图可见：

1) 系统发生的运动是频率为 ω_d 的简谐振动 $x_h(t)$ 和频率为 ω

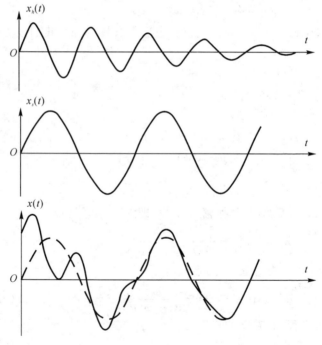

图 2.5-2

的简谐振动 $x_s(t)$ 的组合运动;

2）无论受何种初始条件的作用,由于阻尼的存在,经过一定的时间后 $x_h(t)$ 将趋于消失,它只在有限的时间内存在。因此, $x_h(t)$ 和 $x_s(t)$ 的合成运动也只在有限的时间内存在,这一振动过程叫做瞬态振动或过渡过程;

3）系统持续的振动只有与外激励力有关的响应 $x_s(t)$, $x_s(t)$ 叫做稳态振动、稳态响应或强迫振动。

对于强迫振动问题,稳态响应是最重要的。在谈到强迫振动时,通常都是指稳态响应。为方便起见,我们省去 $x_s(t)$ 的下标"s"。系统稳态响应的表达式为

$$x(t) = X\sin(\omega t - \varphi) \tag{2.5-11}$$

方程(2.5-11)表明,在简谐激励力作用下,系统将产生一个与激励力相同频率的简谐振动,但滞后一个相角 φ。这是线性振动理论的一个重要结果。

下面,让我们看一看强迫振动还有哪些性质和特点:

1）由式(2.5-7)和(2.5-8)可见,强迫振动的振幅 X 和相角 φ 与初始条件无关,而只决定于构成系统的物理参数(m,k,c)和激励力的特点(F,ω)。

2）强迫振动的振幅是工程人员十分关心的参数。方程(2.5-7)可改写为

$$\begin{aligned}
X &= \frac{F}{\sqrt{(k - \omega^2 m)^2 + \omega^2 c^2}} \\
&= \frac{F}{k\sqrt{(1 - \omega^2/\omega_n^2)^2 + \omega^2 c^2/k^2}} \\
&= \frac{X_0}{\sqrt{(1 - \omega^2/\omega_n^2)^2 + 4\zeta^2\omega^2/\omega_n^2}} \\
&= \frac{X_0}{\sqrt{(1 - r^2)^2 + (2\zeta r)^2}}
\end{aligned} \tag{2.5-12}$$

式中:$X_0 = F/k$,$r = \omega/\omega_n$。X_0 叫做等效静位移;r 叫做频率比。定义强迫振动的振幅 X 与 X_0 的比为放大因子,用 M 表示,则有

$$M = \frac{X}{X_0} = \frac{1}{\sqrt{(1 - r^2)^2 + (2\zeta r)^2}} \qquad (2.5\text{-}13)$$

上式表明了放大因子,即强迫振动振幅随频率比 r、阻尼比 ζ 变化的规律。在图 2.5-3 中以 ζ 为参数,画出了放大因子,即振幅随 r,即激励频率 ω 变化的曲线。

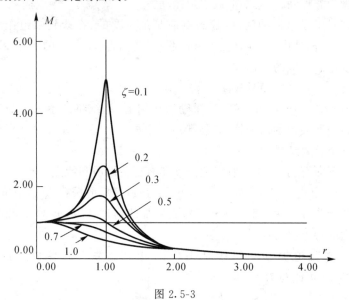

图 2.5-3

由图可见,当 $r \to 0$ 时,$M \to 1$,而与阻尼无关。这意味着,当激励频率接近于零时,振幅与静位移相近。

当 $r \to \infty$ 时,$M \to 0$,也与阻尼大小无关。在激励频率很高时,振幅趋于零。这意味着,质量不能跟上力的快速变化,将停留在平衡位置不动。

当 $r = 1$ 时,若 $\zeta = 0$,在理论上 $M \to \infty$。这就意味着,当系统中不存在阻尼时,激励频率和系统的固有频率一致,振幅将趋于无

限大,这种现象叫做共振。

通常我们称 $r=1$,即 $\omega=\omega_n$ 时的频率为共振频率。实际上,当系统中存在阻尼时,振幅是有限的,其最大值并不在 $\omega=\omega_n$ 处。由

$$\frac{\mathrm{d}M}{\mathrm{d}r}=0$$

可得振幅为最大时的频率比

$$r_{\max}=\sqrt{1-2\zeta^2} \qquad (2.5\text{-}14)$$

而振幅的最大值为

$$M_{\max}=\frac{1}{2\zeta\sqrt{1-\zeta^2}} \qquad (2.5\text{-}15)$$

只有无阻尼时,共振频率才是 ω_n。有阻尼时,最大振幅的频率 $\sqrt{1-2\zeta^2}\omega_n$ 比 ω_n 小。当阻尼较小时,可近似地看做 ω_n。

当 $\zeta>0$,即使只有很微小的阻尼,也使最大振幅限制在有限的范围内。由式(2.5-14)可见,若 $\zeta=1/\sqrt{2}$,则 $r_{\max}=0$,即振幅的最大值发生在 $\omega=0$ 处。也就是静止时,位移最大。由此可以得出结论:

① 当 $\zeta\geqslant\sqrt{2}/2$ 时,不论 r 为何值,$M\leqslant1$;

② 当 $\zeta<\sqrt{2}/2$ 时,对于很小或很大的 r 值,阻尼对响应的影响可略去。

对远离共振频率的区域,阻尼对减小振幅的作用不大。只有在共振频率及其近旁,阻尼对减小振幅有明显的作用,增加阻尼可使振幅显著地下降。由 $r=1$,$M=1/2\zeta$,及方程(2.5-15)可见,共振时的振幅由阻尼决定。

3)强迫振动和激励力之间有相位差 φ。方程(2.5-8)可改写为

$$\varphi=\tan^{-1}\frac{\omega c}{k-\omega^2 m}=\tan^{-1}\frac{2\zeta r}{1-r^2} \qquad (2.5\text{-}16)$$

相角 φ 与 r 和 ζ 有关。图 2.5-4 是以 ζ 为参数,相角 φ 随 r,即 ω 变化的曲线。

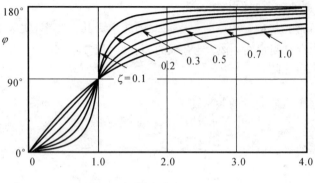

图 2.5-4

对于不同的阻尼值,相角 φ 在 0 到 π 之间变化。

对于 $\zeta = 0$,当 $r < 1$ 时,$\varphi = 0$;$r > 1$ 时,$\varphi = \pi$;$r = 1$ 时,φ 角从 0 跳到 π。

对于 $\zeta > 0$,当 r 很小时,即激励频率与固有频率相比很小时,运动与激励力有同相位 $\varphi \simeq 0$;当 r 很大时,即激励频率与固有频率相比很大时,响应趋于零,而相角等于 π,这表明运动和激励力有反相位 $\varphi \simeq \pi$。当 $r = 1$ 时,即激励频率等于固有频率时,共振的振幅很大,而相角 $\varphi = \pi/2$,运动的速度与激励力同相。

例 1 有一无阻尼系统,其固有频率为 ω_n。受到一简谐激励力 $F\sin\omega_n t$ 的作用,试确定其强迫振动。

解 系统的运动方程为

$$m\ddot{x} + kx = F\sin\omega_n t$$

或

$$\ddot{x} + \omega_n^2 x = \frac{F}{m}\sin\omega_n t$$

用 $\dfrac{F}{m}\mathrm{e}^{j\omega_n t}$,代换 $\dfrac{F}{m}\sin\omega_n t$,有

$$\ddot{x} + \omega_n^2 x = \frac{F}{m}\mathrm{e}^{j\omega_n t}$$

假定方程解的形式为 $x(t) = \overline{X}\mathrm{e}^{j\omega_n t}$,代入上式,得

$$0 = \frac{F}{m}e^{j\omega_n t}$$

这是不能成立的,除非 $F = 0$!我们再假定方程的解为

$$x(t) = \overline{X}te^{j\omega_n t}$$

代入,则得

$$j2\omega_n\overline{X} = \frac{F}{m}$$

$$\overline{X} = \frac{F}{j2\omega_n m} = -\frac{F}{2\omega_n m}e^{j\frac{\pi}{2}}$$

因此,有

$$x(t) = -\frac{F}{2\omega_n m}te^{j(\omega_n t + \frac{\pi}{2})}$$

对于激励力 $F\sin\omega_n t$,有

$$x(t) = -\frac{F}{2\omega_n m}t\cos\omega_n t$$

对于无阻尼系统,当激励频率与系统固有频率相等时,振动幅值不是立即达到无限大,而是有一个过程。振动幅值随时间成比例增长,其变化曲线表示在图 2.5-5。这一结论符合实际情况。从理论上说,振幅最终将到达无限大,而实际上,当振幅增大到某一数值时,弹簧要损坏,用一种不希望的方式消除了振动问题!

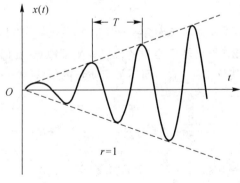

图 2.5-5

二、旋转不平衡质量引起的强迫振动

在许多旋转机械中,转动部分总存在着质量不平衡。为了研究由此而引起的运动,让我们分析图 2.5-6 的系统。

图 2.5-6 表示一台机器,其总质量为 M。安装在两个弹簧和一个阻尼器上,总的弹簧常数为 k,阻尼系数为 c。机器工作时,旋转中心为 O,角速度为 ω,不平衡质量大小为 m,偏心距离为 e。机器只能在垂直方向运动。

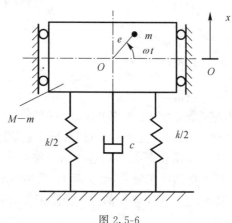

图 2.5-6

机器可视为刚体,除旋转不平衡质量外,其余部分有相同的位移。

选静平衡时,旋转中心 O 的位置为坐标原点。在时间 t,对于质量 $M - m$,其位移为 $x(t)$,而不平衡质量的位移为 $x(t) + e\sin\omega t$。从而列出系统的运动方程

$$(M - m)\frac{\mathrm{d}^2 x}{\mathrm{d}t^2} + m\frac{\mathrm{d}^2}{\mathrm{d}t^2}(x + e\sin\omega t) + c\frac{\mathrm{d}x}{\mathrm{d}t} + kx = 0$$

整理后,得

$$M\ddot{x} + c\dot{x} + kx = me\omega^2\sin\omega t \qquad (2.5\text{-}17)$$

方程的形式与式(2.5-1)相似,只是由 $me\omega^2$ 代替了力振幅 F。因而

方程(2.5-17)的稳态响应可表示为

$$x(t) = X\sin(\omega t - \varphi) \qquad (2.5\text{-}18)$$

式中

$$X = \frac{me\omega^2}{\sqrt{(k - \omega^2 M)^2 + \omega^2 c^2}} = \frac{\dfrac{m}{M}er^2}{\sqrt{(1 - r^2)^2 + (2\zeta r)^2}}$$

$$(2.5\text{-}19)$$

$$\tan\varphi = \frac{2\zeta r}{1 - r^2} \qquad (2.5\text{-}20)$$

这时

$$\omega_n = \sqrt{\frac{k}{M}}$$

系统的放大因子可表示为

$$\frac{MX}{me} = \frac{r^2}{\sqrt{(1 - r^2)^2 + (2\zeta r)^2}} \qquad (2.5\text{-}21)$$

其关系曲线表示在图 2.5-7 上。

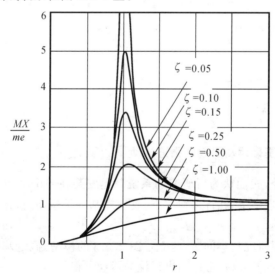

图 2.5-7

方程(2.5-18)表明,由于存在不平衡质量,系统将发生强迫振动,振动的频率 ω 就是机器的角速度。系统稳态响应的振幅决定于不平衡质量 m、m 与旋转中心 O 的偏心距离 e 和角速度的平方。系统的稳态响应滞后于激励力的相角 φ,有着与简谐激励力相同的表达式,因而其随频率比 r、阻尼比 ζ 的变化规律与简谐激励力时完全相同。

式(2.5-21)和图 2.5-7 表示了振幅随 r 和 ζ 变化的规律。在共振时,$r = 1$,有

$$\frac{MX}{me} = \frac{1}{2\zeta}, \quad \varphi = \frac{\pi}{2}$$

在 r 很小时,有

$$\frac{MX}{me} \to 0, \quad \varphi \to 0$$

在 r 很大时,有

$$\frac{MX}{me} \to 1, \varphi \to \pi$$

最大振幅发生在

$$r_{\max} = \frac{1}{\sqrt{1 - 2\zeta^2}}$$

即位于 $r = 1$ 的右边,其大小为

$$\frac{MX}{me} = \frac{1}{2\zeta \sqrt{1 - \zeta^2}}$$

三、基础运动引起的强迫振动

迄今,我们认为所研究的系统都是安装在一个不动的支承或基础上。事实上,在许多情况下,支承或基础是运动的,并引起了系统的振动。

为了研究这类问题,建立了图 2.5-8 的模型。假定基础的运动为 $y(t) = Y\sin\omega t$,可以列出系统的运动方程

$$m\ddot{x} = -k(x - y) - c(\dot{x} - \dot{y})$$

即

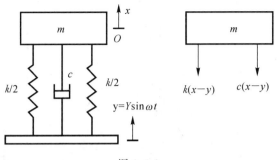

图 2.5-8

$$m\ddot{x} + c\dot{x} + kx = c\dot{y} + ky \qquad (2.5\text{-}22)$$

由此可见,基础运动使系统受到两个作用力:一个是与 $y(t)$ 同相位、经弹簧传给质量 m 的力 ky;一个是与速度 $\dot{y}$ 同相位,经阻尼器传给质量 m 的力 $c\dot{y}$。

利用复指数法求解,用 $Ye^{j\omega t}$ 代换 $Y\sin\omega t$,并假定方程的解为

$$x(t) = \overline{X}e^{j\omega t}$$

代入方程(2.5-22),得

$$\overline{X} = \frac{k + j\omega c}{k - \omega^2 m + j\omega c}Y = Xe^{-j\varphi} \qquad (2.5\text{-}23)$$

式中 X 为振幅,φ 为响应与激励之间的相位差,显然有

$$X = Y\sqrt{\frac{1 + (2\zeta r)^2}{(1 - r^2)^2 + (2\zeta r)^2}} \qquad (2.5\text{-}24)$$

$$\tan\varphi = \frac{2\zeta r^3}{1 - r^2 + 4\zeta^2 r^2} \qquad (2.5\text{-}25)$$

方程(2.5-22)的稳态响应为

$$x(t) = \overline{X}\sin\omega t = X\sin(\omega t - \varphi) \qquad (2.5\text{-}26)$$

式(2.5-24)可表示成

$$\frac{X}{Y} = \sqrt{\frac{1 + (2\zeta r)^2}{(1 - r^2)^2 + (2\zeta r)^2}} \qquad (2.5\text{-}27)$$

X/Y 和 φ 以 ζ 为参数,随 r 变化的曲线表示在图 2.5-9 和图 2.5-10 上。

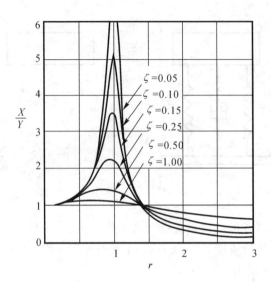

图 2.5-9

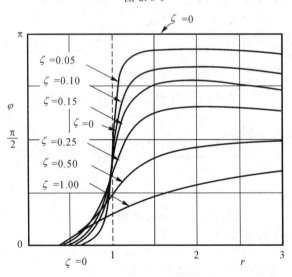

图 2.5-10

由图可见,当 $r = 0$ 和 $r = \sqrt{2}$ 时,$X/Y = 1$,与 ζ 无关。

当 $r > \sqrt{2}$ 时,$X < Y$,且阻尼小的 X/Y 比值要比阻尼大的时候小。

相角比较复杂。对于 $\zeta = 0$,$r < 1$,响应与激励同相位;$r > 1$,响应与激励反相位。对于 $\zeta > 0$,有 $r \to 0$ 时,$\varphi \to 0$;$r \to \infty$ 时,$\varphi \to \dfrac{\pi}{2}$。

例 2 有一汽轮发电机组,要确定其振动的大小,采用了图 2.5-11 的方式。一个固定在三角架上的读数显微镜安装在机组的左边,而右边安装了一个标尺。若测得振动的峰峰值为 0.18mm,问机组的振幅为多少?

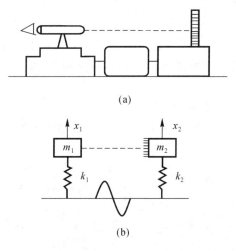

(a)

(b)

图 2.5-11

解 因为读数系统和标尺都不是刚体,而是弹性体,可以简化为两个弹簧—质量系统(略去阻尼)。假定机组的振动为 $y(t) = Y\sin\omega t$,读数系统的质量 $m_1 = 1\text{kg}$,弹簧常数 $k_1 = 7.5 \times 10^4\text{N/m}$,标尺系统的质量 $m_2 = 1.8\text{kg}$,弹簧常数 $k_2 = 15 \times^4\text{N/m}$,则可分别列出两系统的运动方程

$$m_1\ddot{x}_1 + k_1x_1 = k_1Y\sin\omega t$$
$$m_2\ddot{x}_2 + k_2x_2 = k_2Y\sin\omega t$$

解方程,得

$$X_1 = \frac{k_1Y}{k_1 - \omega^2 m_1}, \quad X_2 = \frac{k_2Y}{k_2 - \omega^2 m_2}$$

机组振动的频率 $f = 50\text{Hz}$,即 $\omega = 2\pi f = 314\text{rad/s}$。两系统的固有频率分别为

$$\omega_{n1} = \sqrt{\frac{k_1}{m_1}} \approx 274(\text{rad/s})$$

$$\omega_{n2} = \sqrt{\frac{k_2}{m_2}} \approx 289(\text{rad/s})$$

显然　　　$\omega > \omega_{n2} > \omega_{n1}$

激励频率 ω 对于两系统的频率比都大于 1。对于无阻尼系统,两响应滞后激励的相角都是 π,它们本身是同相位。因此,测得的峰峰值为

$$X = X_2 - X_1$$

的两倍,即 $2X = 0.18\text{mm}$。式中 X_1 为读数系统振动的振幅,X_2 为标尺系统振动的振幅。而

$$X = X_2 - X_1 = \left(\frac{k_2}{k_2 - \omega^2 m_2} - \frac{k_1}{k_1 - \omega^2 m_1} \right)Y$$

解该方程,得

$$Y = 0.039\text{mm}$$

第六节　　简谐激励强迫振动理论的应用

一、隔振

振动常常对机器、仪器和设备的工作性能产生有害影响。为了消除这种影响,隔振是一种有效的措施。隔振有两种:把振源与地

基隔离开来以减少它对周围的影响而采取的措施叫做积极隔振；为了减少外界振动对设备的影响而采取的隔振措施叫做消极隔振。

（一）积极隔振

与机器振动有关的力将传递给机器的支承结构或基础，并将传播开来产生不希望的效果。为了减小这类力的传递，采用积极隔振措施，将机器安装在合理设计的柔性支承上，这一支承就叫做隔振装置或隔振基础。其理论模型表示在图 2.6-1 上。

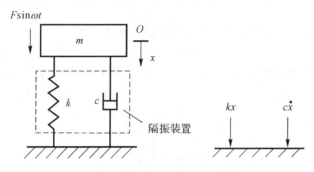

图 2.6-1

经隔振装置传递到地基的力有两部分：经弹簧传给地基的力

$$F_s = kx = kX\sin(\omega t - \varphi)$$

经阻尼传给地基的力

$$F_d = c\dot{x} = c\omega X\cos(\omega t - \varphi)$$

F_s 和 F_d 是相同频率、相位差 $\pi/2$ 的简谐作用力。因此，传给地基的力的最大值或振幅 F_T 为

$$F_T = \sqrt{(kX)^2 + (c\omega X)^2} = kX\sqrt{1 + (2\zeta r)^2} \quad (2.6\text{-}1)$$

由于在 $F\sin\omega t$ 作用下，系统稳态响应的振幅为

$$X = \frac{F}{k\sqrt{(1 - r^2)^2 + (2\zeta r)^2}}$$

则
$$F_T = \frac{F\sqrt{1 + (2\zeta r)^2}}{\sqrt{(1 - r^2)^2 + (2\zeta r)^2}} \tag{2.6-2}$$

评价积极隔振效果的指标是力传递系数

$$T_F = \frac{F_T}{F} = \frac{\sqrt{1 + (2\zeta r)^2}}{\sqrt{(1 - r^2)^2 + (2\zeta r)^2}} \tag{2.6-3}$$

合理设计的隔振装置应选择适当的弹簧常数 k 和阻尼系数 c,使力传递系数 T_F 达到要求的指标。为此,就需要讨论 T_F 与 ζ 和 r 的关系,即关系式(2.6-3)。这将和消极隔振一起讨论。

(二)消极隔振

周围的振动经过地基的传递会使机器产生振动。为了消除这一影响,设计合理的隔振装置将能减小机器的振动。图 2.6-2 是被动隔振的模型,该模型与基础运动的模型相同。因此,隔振后系统稳态响应的振幅为

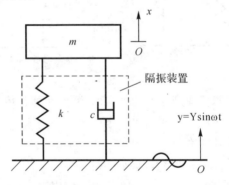

图 2.6-2

$$X = Y\sqrt{\frac{1 + (2\zeta r)^2}{(1 - r^2)^2 + (2\zeta r)^2}}$$

评价消极隔振效果的指标为位移传递系数

$$T_D = \frac{X}{Y}\sqrt{\frac{1 + (2\zeta r)^2}{(1 - r^2)^2 + (2\zeta r)^2}} \tag{2.6-4}$$

位移传递系数 T_D 和力传递系数 T_F 的表达式是完全相同的。因此，在设计积极隔振装置或消极隔振装置时所遵循的准则是相同的。令 $T_F = T_D = T_R$，T_R 叫做传递系数。传递系数 T_R 随 ζ 和 r 的变化曲线也就是图 2.5-9 的曲线。由图可见，在 $r = 0$ 和 $r = \sqrt{2}$ 时，$T_R = 1$，与阻尼无关，即传递的力或位移与施加给系统的力或位移相等。在 $0 < r < \sqrt{2}$ 的频段内，传递的力或位移都比施加的力或位移大。而当 $r > \sqrt{2}$ 以后，所有的曲线都表明，传递系数随激励频率的增大而减小。因此，可以得到两点结论：

1）不论阻尼比为多少，只有在 $r > \sqrt{2}$ 时才有隔振效果；

2）对于某个给定的 $r > \sqrt{2}$ 值，当阻尼比减小时，传递系数也减小。

因此，为了隔振，最好的办法似乎是用一个无阻尼的弹簧，使频率比 $r > \sqrt{2}$。在实际工作时，机器有个起动过程，将通过共振区。因而，小量的阻尼是人们期望的。不过，零阻尼情况只是理想情况，实际上小阻尼总是存在的。

二、振动测试仪器

振动测试仪器有三种基本形式：测试加速度、速度和位移的仪器。它们都是根据基础运动引起系统振动的原理工作的。在测量时，把仪器固定在被测对象上，并使仪器的测量方向与被测对象的振动方向一致。

振动测试仪器一般由装在机座中的弹簧 — 质量 — 阻尼系统和测量质量与机座间相对位移的装置所组成，如图 2.6-3 所示。

假定 $x(t)$ 为仪器质量块 m 的运动，$y(t)$ 为仪器机座，即被测对象的运动，则系统运动方程为

$$m\ddot{x} + c(\dot{x} - \dot{y}) + k(x - y) = 0 \qquad (2.6\text{-}5)$$

由于仪器记录的是质量块 m 与机座之间的相对运动，令

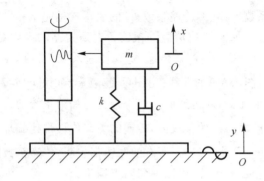

图 2.6-3

$$z = x - y$$

则式(2.6-5)可变换为

$$m\ddot{z} + c\dot{z} + kz = -m\ddot{y} \tag{2.6-6}$$

若机座的运动 $y(t) = Y\sin\omega t$，则(2.6-6)成为

$$m\ddot{z} + c\dot{z} + kz = mY\omega^2\sin\omega t \tag{2.6-7}$$

方程(2.6-7)与方程(2.5-17)相同，因而其解为

$$z(t) = Z\sin(\omega t - \varphi) \tag{2.6-8}$$

式中

$$Z = \frac{mY\omega^2}{\sqrt{(k - \omega^2 m)^2 + \omega^2 c^2}} \tag{2.6-9}$$

或

$$\frac{Z}{Y} = \frac{r^2}{\sqrt{(1 - r^2)^2 + (2\zeta r)^2}} \tag{2.6-10}$$

相角 φ 有

$$\tan\varphi = \frac{\omega c}{k - \omega^2 m} = \frac{2\zeta r}{1 - r^2} \tag{2.6-11}$$

方程(2.6-10)是设计振动测试仪器的基本依据。

（一）位移传感器

如果测试的频率 ω 比仪器的固有频率 ω_n 要高得多，即频率比 r 很高，则

$$\frac{Z}{Y} = \frac{1}{\sqrt{\left(\dfrac{1}{r^2} - 1\right)^2 + \left(\dfrac{2\zeta}{r}\right)^2}} \rightarrow 1$$

仪器质量块 m 与机座之间的相对位移 z 接近于机座的位移 y，但相位差 $180°$，而质量块 m 的绝对位移 x 接近于零，即保持稳定，这就提供了一个进行位移测试的基准系统。仪器记录的是被测对象运动的位移，这种测试仪器就叫做位移传感器。

对于位移传感器，要求 $r \gg 1$，仪器的固有频率与测试频率相比愈小则测试精度愈高。作为一条规则，位移传感器的固有频率至少要比最低测试频率小两倍。位移传感器是一种固有频率很低的振动测试仪器。

如果测试的运动不是纯正弦波，包含有高次谐波，对于这些高次谐波，频率比 r 则更高，仪器的指示精度将更高。因而不纯的运动不会影响位移传感器的测试精度，相反，只会提高精度。

由于位移传感器的固有频率比测试频率要低得多，实际测试时频率比 r 可能接近于 10，系统的响应位于响应曲线的很右边，这时，阻尼的影响可以略去不计。相角差等于 $180°$，这表明，不纯运动的每个谐波将有同样的相角 π。因而，合成运动是每个谐波的叠加，这将真实反映测试的运动。在位移传感器中不会发生相角畸变，位移传感器的输出正比于输入的位移。

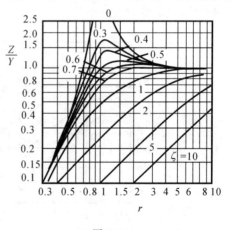

图 2.6-4

位移传感器的响应特性曲线表示在图 2.6-4。可以看出,仪器的阻尼比最好为 $\zeta = 0.7$。

(二)加速度传感器

加速度传感器是一种应用广泛的振动测试仪器。

把方程(2.6-10)作一些变换,得

$$\frac{Z}{Y\omega^2} = \frac{Z}{\ddot{Y}} = \frac{1}{\omega_n^2 \sqrt{(1-r^2)^2 + (2\zeta r)^2}} \qquad (2.6\text{-}12)$$

如果测试的频率 ω 要比仪器的固有频率 ω_n 小得多,即测试时的频率比 $r \ll 1$,由式(2.6-12)可知

$$Z \to \frac{Y\omega^2}{\omega_n^2} = \frac{\ddot{Y}}{\omega_n^2}$$

即,测得的相对位移 z 将接近于测试对象运动的加速度 $\ddot{y}$ 成正比。这种仪器叫做加速度传感器。因而,加速度传感器是一种固有频率很高的传感器。作为一条规则,加速度传感器的固有频率至少要比测试的最高频率高两倍。图 2.6-5 为加速度传感器的响应曲线。由图可见,仪器的阻尼比最好也设计成 $\zeta = 0.7$。

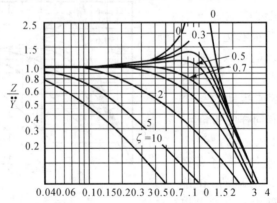

图 2.6-5

(三)速度传感器

如果测试的频率 ω 等于仪器的固有频率 ω_n，即测试时的频率比 $r = 1$，则由方程(2.6-10)可得

$$Z = \frac{Yr}{2\zeta} = \frac{\dot{Y}}{2\zeta\omega_n} = \frac{\dot{Y}}{c/m} \tag{2.6-13}$$

输出的相对位移 z 将正比于测试对象运动的速度 $\dot{y}$，仪器就成为速度传感器。显然，为了限制相对运动的振幅，仪器的阻尼应当大些。由于仪器常数 c/m 决定于阻尼系数 c，它对于环境变化比较敏感，故给应用带来了困难。

第七节　　非简谐激励作用下的系统响应

前面，我们讨论了机械系统受到简谐激励作用而引起的强迫振动问题。在很多情况下，许多系统受到的激励并不是简谐激励，而可能是一个周期激励或者非周期激励。下面，我们来讨论这两种更一般的情况。

一、周期激励作用下的强迫振动

一个有阻尼弹簧 — 质量系统，受到了周期激励力 $F(t)$ 的作用，其运动方程为

$$m\ddot{x} + c\dot{x} + kx = F(t) \tag{2.7-1}$$

且

$$F(t + T) = F(t) \tag{2.7-2}$$

式中 T 为周期。前已证明，对于线性系统，叠加原理成立，即各激励力共同作用所引起的系统稳态响应为各激励力单独作用时引起的系统各稳态响应的总和。因此，对于线性系统在受到周期激励作用时，系统稳态响应的计算就很简单：把该周期激励展成 Fourier 级

数;把级数的每一项视作一简谐激励,确定其稳态响应;把所有简谐稳态响应加起来,就得到了系统对该周期激励的稳态响应。因此,方程(2.7-1)可表示为

$$m\ddot{x} + c\dot{x} + kx = \frac{a_0}{2} + \sum_{n=1}^{\infty}(a_n\cos n\omega t + b_n\sin n\omega t) \quad (2.7-3)$$

式中 $\omega = 2\pi/T$,为周期激励力的基频。可以求得对常数项 $a_0/2$ 的稳态响应为 $a_0/2k$,而对于 $a_n\cos n\omega t$ 和 $b_n\sin n\omega t$ 的稳态响应分别为

$$\frac{a_n}{k\sqrt{(1-r_n^2)^2+(2\zeta r_n)^2}}\cos(n\omega t - \varphi_n) \quad (2.7-4)$$

$$\frac{b_n}{k\sqrt{(1-r_n^2)^2+(2\zeta r_n)^2}}\sin(n\omega t - \varphi_n) \quad (2.7-5)$$

式中

$$r_n = nr = \frac{n\omega}{\omega_n}, \tan\varphi_n = \frac{2\zeta r_n}{1-r_n^2} \quad (2.7-6)$$

于是,系统的稳态响应为

$$x(t) = \frac{a_0}{2k} + \sum_{n=1}^{\infty}\frac{a_n}{k\sqrt{(1-r_n^2)^2+(2\zeta r_n)^2}}\cos(n\omega t - \varphi_n)$$

$$+ \sum_{n=1}^{\infty}\frac{b_n}{k\sqrt{(1-r_n^2)^2+(2\zeta r_n)^2}}\sin(n\omega t - \varphi_n)$$

$$(2.7-7)$$

系统的稳态响应也是一个无穷级数。对于大多数工程问题,计算有限项已可以满足要求。显然,当方程右边的某个谐波的频率与系统固有频率相等时就会发生共振,对应项的振幅就会很大。因此,周期激励有着比简谐激励发生共振的更大可能性。

例1 如图 2.7-1 所示的单缸发动机模型,在气缸活塞的运动过程中,不平衡的往复运动将使整个系统受到周期干扰力,试分析系统稳态强迫振动过程。

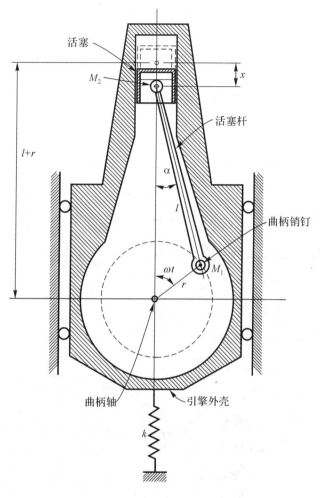

图 2.7-1　单缸发动机动力学模型

解　在干扰力的分析中,活塞杆的质量可以用两个质量来代替,第一个质量位于曲柄销钉处,第二个位于活塞处,运动中所有不平衡的质量,都可以简化到这两点,分别用 M_1 和 M_2 表示。以向

下为正方向,则 M_1 的惯性力的竖直分量为

$$F_1 = - M_1\omega^2 r\cos\omega t \tag{a}$$

式中:ω 为曲柄角速度;r 为曲柄半径;ωt 为曲柄与竖直轴线的夹角。

往复质量 M_2 的运动较复杂。在图 2.7-1 所示的几何关系下,有

$$x = l(1 - \cos\alpha) + r(1 - \cos\omega t) \tag{b}$$

$$r\sin\omega t = l\sin\alpha \tag{c}$$

即 $\sin\alpha = \dfrac{r}{l} \cdot \sin\omega t$

活塞杆的长度 l 通常要比曲柄半径大好几倍,因此近似地有

$$\cos\alpha = \sqrt{1 - \frac{r^2}{l^2} \cdot \sin^2\omega t} \approx 1 - \frac{r^2}{2l^2} \cdot \sin^2\omega t$$

代入式(b),得

$$x = r(1 - \cos\omega t) + \frac{r^2}{2l} \cdot \sin\omega t \tag{d}$$

则往复质量 M_2 的速度为

$$\dot{x} = r\omega\sin\omega t + \frac{r^2\omega}{2l} \cdot \sin 2\omega t$$

M_2 产生的惯性力为

$$F_2 = - M_2\ddot{x}$$

$$= - M_2\omega^2 r(\cos\omega t + \frac{r}{l} \cdot \cos 2\omega t) \tag{e}$$

则系统受到的总干扰力为

$$F(t) = F_1 + F_2$$

$$= - (M_1 + M_2)\omega^2 r\cos\omega t - \frac{r}{l}M_2\omega^2 r\cos 2\omega t$$

如果系统总质量为 M,支承刚度为 k,则系统动力学方程为

$$M\ddot{x} + kx = F_1 + F_2$$

$$= -(M_1 + M_2)\omega^2 r\cos\omega t - \frac{r}{l}M_2\omega^2 r\cos 2\omega t$$

对于线性系统,采用叠加原理,分别求解,得系统稳态响应解为

$$x(t) = -\frac{(M_1 + M_2)\omega^2 r}{k - M\omega^2}\cos\omega t - \frac{M_2\omega^2 r^2}{l(k - 4M\omega^2)}\cos 2\omega t$$

从上式可以看出,单缸发动机具有两个临界速率,第一个是机器转动频率与系统固有频率 $\omega = \sqrt{\dfrac{k}{M}}$ 相等时,另一个是机器转动频率是系统固有频率 ω 的一半时。

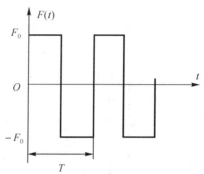

图 2.7-2

例 2 有一个无阻尼单自由度系统,受到图 2.7-2 所示方波的激励,系统的固有频率为 ω_n,试确定系统的稳态响应。

解 在一个周期内,激励函数 $F(t)$ 可表示为

$$F(t) = \begin{cases} F_0 & mT < t < (m + 1/2)T \\ -F_0 & (m + 1/2)T < t < (m + 1)T \end{cases}$$
$$m = 0,1,2,\cdots$$

由于 $F(t)$ 是一个奇函数,即 $F(t) = -F(-t)$,因此可得

$$a_0 = a_n = 0, \quad n = 1,2,\cdots$$

$$b_n = \begin{cases} \dfrac{4F_0}{n\pi} & n = 1,3,5,\cdots \\ 0 & n = 2,4,6,\cdots \end{cases}$$

所以 $F(t)$ 的 Fourier 级数展开式为

$$F(t) = \frac{4F_0}{\pi}\sum_n \frac{1}{n}\sin n\omega t \qquad (n = 1,3,5,\cdots)$$

$$= \frac{4F_0}{\pi}\left(\sin\omega t + \frac{1}{3}\sin 3\omega t + \cdots\right)$$

因而,系统的稳态响应为

$$x(t) = \frac{4F_0}{k\pi}\left[\frac{\sin\omega t}{1 - \left(\dfrac{\omega}{\omega_n}\right)^2} + \frac{\sin 3\omega t}{3\left[1 - \left(\dfrac{3\omega}{\omega_n}\right)^2\right]} + \cdots\right]$$

例 3　有一凸轮机构,凸轮以每分钟 60 转旋转,升程为 1。产生的锯齿形运动(图 2.7-3)传给有阻尼弹簧 — 质量系统,试确定系统的稳态响应。

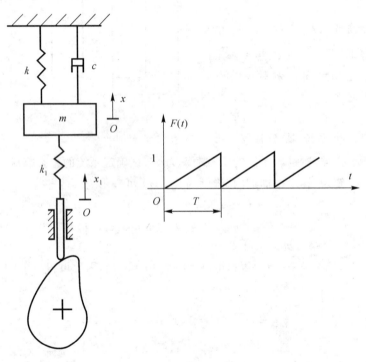

图 2.7-3

解   在一个周期内激励函数 $x_1(t)$ 可表示为

$$x_1(t) = \frac{1}{T}t$$

展成 Fourier 级数为

$$x_1(t) = \frac{1}{2} - \frac{1}{\pi}\sum_{n=1}^{\infty}\frac{1}{n}\sin 2\pi nt$$

系统的运动方程为

$$m\ddot{x} + c\dot{x} + (k + k_1)x = k_1 x_1$$

因而系统的稳态响应为

$$x(t) = \frac{k_1}{k + k_1}\left[\frac{1}{2} - \frac{1}{\pi}\sum_{n=1}^{\infty}\frac{1}{n}\frac{\sin(2\pi nt - \varphi_n)}{\sqrt{(1 - r_n^2)^2 + (2\zeta r_n)^2}}\right]$$

$$\tan\varphi_n = \frac{2\zeta r_n}{1 - r_n^2}$$

二、非周期激励作用下的系统响应

(一)非周期激励力作用下的系统响应

在许多工程问题中,会碰到对系统的激励不是周期的,而是任意的时间函数,或者是极短时间内的冲击作用。在这一节,我们将讨论系统在受到这种激励时的响应。

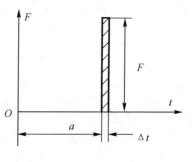

图 2.7-4

我们知道,脉冲就是指在很短时间内有非常大的力作用时的有限冲量。如图 2.7-4 所示,当大小为 F 的力只在 Δt 的时间内作用时,冲量可表示为

$$\hat{F} = \int_a^{a+\Delta t} F(t)\mathrm{d}t = \int_a^{a+\Delta t} F\mathrm{d}t \tag{2.7-8}$$

定义

$$I = \lim_{\Delta t \to 0} \int_a^{a+\Delta t} F \mathrm{d}t = F \mathrm{d}t = 1 \qquad (2.7\text{-}9)$$

为单位脉冲。显然,当 $\Delta t \to 0$ 时,为了使 $F \mathrm{d}t$ 有有限的值,F 将趋于无限大。单位脉冲可用 δ 函数来表示,它有着下列的性质:

$$\left.\begin{aligned} \delta(t-a) &= 0 \quad t \neq a \\ \int_0^\infty \delta(t-a)\mathrm{d}t &= 1 \\ \int_0^\infty f(t)\delta(t-a)\mathrm{d}t &= f(a) \end{aligned}\right\} \qquad (2.7\text{-}10)$$

利用 δ 函数的性质可以把在时间 $t = a$ 作用的脉冲力 $F(t)$ 产生的冲量表示为

$$F(t) = \hat{F}\delta(t-a) \qquad (2.7\text{-}11)$$

有一个有阻尼弹簧 — 质量系统,在 $t = 0$,初始条件 $x(0) = \dot{x}(0) = 0$ 时,受到一个脉冲力的作用,由动量原理得

$$\int_0^{\Delta t} F(t)\mathrm{d}t = mv(\Delta t) = m\dot{x}(\Delta t)$$

式中 $\dot{x}(\Delta t)$ 为质量 m 在受到冲量后的瞬时速度。由于 Δt 很小,引入符号 $\Delta t = 0^+$,并利用方程(2.7-11),当 $a = 0$ 时,可得

$$\int_0^{0^+} \hat{F}\delta(t)\mathrm{d}t = m\dot{x}(0^+)$$

有

$$\dot{x}(0^+) = \frac{\hat{F}}{m} \qquad (2.7\text{-}12)$$

式(2.7-12)表明,由于 Δt 是如此的小,系统的运动与由 $x(0) = 0, \dot{x}(0) = \hat{F}/m$ 的初始条件引起的自由振动是相同的。对于弱阻尼系统,在上述初始条件下的自由振动为

$$x(t) = \begin{cases} \dfrac{\hat{F}}{m\omega_d} \mathrm{e}^{-\zeta\omega_n t} \sin\omega_d t & t > 0 \\ 0 & t < 0 \end{cases} \qquad (2.7\text{-}13)$$

引入脉冲响应函数 $h(t)$,则系统对 $t = 0$ 时作用的脉冲力的响

应可表示为

$$x(t) = \hat{F}h(t) \qquad (2.7\text{-}14)$$

而

$$h(t) = \begin{cases} \dfrac{1}{m\omega_d}e^{-\zeta\omega_n t}\sin\omega_d t & t > 0 \\ 0 & t < 0 \end{cases} \qquad (2.7\text{-}15)$$

$h(t)$ 也就是在单位脉冲力 $\delta(t)$ 作用下的系统响应。

如果系统受到一个如图 2.7-5 所示的任意时间函数的激励力的作用,其响应将如何?这一时间函数,我们可以把它分割成无限多个在时间区间 $d\tau$ 上作用的脉冲力 $F(\tau)$。根据式(2.7-14),对在 $t = \tau$ 作用的单个冲量 $\hat{F} = F(\tau)d\tau$,系统的响应为

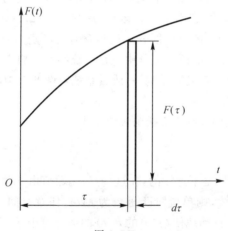

图 2.7-5

$$dx = F(\tau)d\tau h(t - \tau) \qquad (2.7\text{-}16)$$

对于线性系统,在时间 t,系统的响应就是在这一时间内所有单个冲量 $F(\tau)d\tau$ 的总和,即

$$x(t) = \int_0^t F(\tau)h(t - \tau)d\tau \qquad (2.7\text{-}17)$$

由式(2.7-15),得

$$x(t) = \frac{1}{m\omega_d} \int_0^t F(\tau) e^{-\zeta\omega_n(t-\tau)} \sin\omega_d(t-\tau) \mathrm{d}\tau \qquad (2.7\text{-}18)$$

方程(2.7-17)和(2.7-18)是有阻尼单自由度系统对任意时间函数激励力的响应。若考虑到初始条件 $x(0) = x_0, \dot{x}(0) = \dot{x}$ 的作用，则系统的通解为

$$x(t) = e^{-\zeta\omega_n t}\left(x_0\cos\omega_d t + \frac{\zeta\omega_n x_0 + \dot{x}}{\omega_d}\sin\omega_d t \right)$$
$$+ \frac{1}{m\omega_d}\int_0^t F(\tau) e^{-\zeta\omega_n(t-\tau)} \sin\omega_d(t-\tau)\mathrm{d}\tau$$

$$(2.7\text{-}19)$$

这是系统运动的一般表达式。式中，第一部分只与初始条件有关，第二部分只与激励力有关。不难看出，在第二部分中也包含有有阻尼自由振动，它不是稳态运动。这和方程(2.5-10)的情况不同，方程(2.5-10)的第一部分中还包含有与激励力有关的自由振动，方程(2.5-10)的第二部分中就是系统的稳态响应。

例3 确定有阻尼弹簧 — 质量系统对图 2.7-6(a) 所示阶跃激励力的响应。

解 数学上，单位阶跃函数定义为

$$u(t - a) = \begin{cases} 0 & t < a \\ 1 & t > a \end{cases} \qquad (2.7\text{-}20)$$

函数在 $t = a$ 处是不连续的，在这一点，函数值由 0 跳到 1。如果在 $t = 0$ 处不连续，则单位阶跃函数为 $u(t)$。任意时间函数 $F(t)$ 与 $u(t)$ 的乘积将自动地使 $t < 0$ 的 $F(t)$ 的部分等于零，而不影响 $t > 0$ 的部分。单位阶跃函数与单位脉冲函数有下列关系

$$u(t - a) = \int_{-\infty}^t \delta(\xi - a)\mathrm{d}\xi \qquad (2.7\text{-}21)$$

式中 ξ 为积分变量。上式也可以表示为

$$\delta(t - a) = \frac{\mathrm{d}}{\mathrm{d}t}u(t - a) \qquad (2.7\text{-}22)$$

因而，对于图 2.7-6(a) 所示的激励力可表示为

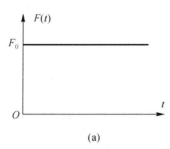

(a)

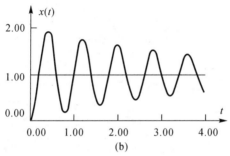

(b)

图 2.7-6

$$F(t) = F_0 u(t) \tag{2.7-23}$$

因而,系统的响应为

$$
\begin{aligned}
x(t) &= \frac{F_0}{m\omega_d} \int_0^t u(\tau)h(t-\tau)\mathrm{d}\tau \\
&= \frac{F_0}{m\omega_d} \int_0^t \mathrm{e}^{-\zeta\omega_n(t-\tau)}\sin\omega_d(t-\tau)\mathrm{d}\tau \\
&= \frac{F_0}{k}\left[1 - \frac{\mathrm{e}^{-\zeta\omega_n t}}{\sqrt{1-\zeta^2}}\cos(\omega_d t - \psi)\right] \\
\tan\psi &= \frac{\zeta}{\sqrt{1-\zeta^2}}
\end{aligned}
$$

系统的响应曲线如图 2.7-6(b) 所示。

我们定义

$$g(t) = \frac{1}{k}\left[1 - \frac{\mathrm{e}^{-\zeta\omega_n t}}{\sqrt{1-\zeta^2}}\cos(\omega_d t - \psi)\right] \tag{2.7-24}$$

为单位阶跃响应。

例 4 确定无阻尼单自由度系统对图 2.7-7 所示的矩形脉冲的响应。

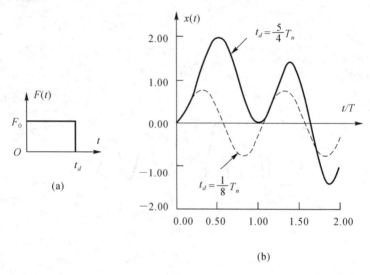

(a)

(b)

图 2.7-7

解 激励力的表达式为

$$F(t) = \begin{cases} 0 & t < 0 \\ F_0 & 0 < t < t_d \\ 0 & t > t_d \end{cases}$$

系统的响应可分两种情况考虑。

1)$t < t_d$

这时,系统的响应和例 3 的情况相同,为

$$x(t) = \frac{F_0}{k}(1 - \cos\omega_n t)$$

2)$t > t_d$

$$x(t) = \int_0^t F(\tau)h(t - \tau)\mathrm{d}\tau$$

$$= \int_0^t F(\tau)h(t-\tau)\mathrm{d}\tau + \int_{t_d}^t F(\tau)h(t-\tau)\mathrm{d}\tau$$

$$= \frac{1}{m\omega_n}\int_0^{t_d}\sin\omega_n(t-\tau)\mathrm{d}\tau$$

$$= \frac{F_0}{k}\big[\cos\omega_n(t-\tau_d)-\cos\omega_n t\big]$$

其图形如图 2.7-7(b) 所示。

（二）非周期基础运动作用下的系统响应

对于有阻尼弹簧 — 质量系统,在受到任意时间函数的基础运动 $y(t)$ 作用时,系统的运动方程为

$$m\ddot{x} + c\dot{x} + kx = c\dot{y} + ky \qquad (2.7\text{-}25)$$

把 $c\dot{y} + ky$ 视作激励力 $F(t)$,即得系统的响应力

$$x(t) = \frac{1}{m\omega_d}\int_0^t \big[c\dot{y}(\tau)+ky(\tau)\big]\mathrm{e}^{-\zeta\omega_n(t-\tau)}\sin\omega_d(t-\tau)\mathrm{d}\tau$$

$$(2.7\text{-}26)$$

（三）脉冲响应函数与频响函数

对于有阻尼 — 弹簧质量系统,受简谐激励力作用时,系统的运动方程可表示为

$$m\ddot{x} + c\dot{x} + kx = F\mathrm{e}^{\mathrm{j}\omega t} \qquad (2.7\text{-}27)$$

若系统的稳态响应为

$$x(t) = \overline{X}\mathrm{e}^{\mathrm{j}\omega t}$$

代入式(2.7-27),则得

$$(k - \omega^2 m + \mathrm{j}\omega c)\overline{X} = F \qquad (2.7\text{-}28)$$

从而得系统稳态响应的复振幅为

$$\overline{X}(\omega) = \frac{F}{k - \omega^2 m + \mathrm{j}\omega c} \qquad (2.7\text{-}29)$$

定义

$$H(\omega) = \frac{\overline{X}(\omega)}{F} = \frac{1}{k - \omega^2 m + \mathrm{j}\omega c} \qquad (2.7\text{-}30)$$

或

$$H(\omega) = \frac{\overline{X}(\omega)}{F(\omega)} = \frac{1}{k - \omega^2 m + \mathrm{j}\omega c} \tag{2.7-31}$$

为系统的频响函数,方程(2.7-28)可写为

$$\overline{X}(\omega) = H(\omega)F(\omega) \tag{2.7-32}$$

若系统的输入为单位脉冲函数,即

$$F(t) = 1 \cdot \delta(t)$$

则由 Fourier 变换可得 $F(\omega) = 1$,因而有

$$\overline{X}(\omega) = H(\omega) \tag{2.7-33}$$

至于 $x(t)$ 和 $\overline{X}(\omega)$,有下列关系

$$\overline{X}(\omega) = \int_{-\infty}^{\infty} x(t)\mathrm{e}^{-\mathrm{j}\omega t}\mathrm{d}t \tag{2.7-34}$$

$$x(t) = \frac{1}{2\pi}\int_{-\infty}^{\infty} \overline{X}(\omega)\mathrm{e}^{\mathrm{j}\omega t}\mathrm{d}\omega \tag{2.7-35}$$

在单位脉冲力的作用下,系统的响应为 $h(t)$,由式(2.7-35)和式(2.7-33)得

$$\begin{aligned} h(t) &= \frac{1}{2\pi}\int_{-\infty}^{\infty} \overline{X}(\omega)\mathrm{e}^{\mathrm{j}\omega t}\mathrm{d}\omega \\ &= \frac{1}{2\pi}\int_{-\infty}^{\infty} H(\omega)\mathrm{e}^{\mathrm{j}\omega t}\mathrm{d}\omega \end{aligned} \tag{2.7-36}$$

显然,频响函数就是脉冲响应函数的 Fourier 变换,即

$$H(\omega) = \int_{-\infty}^{\infty} h(t)\mathrm{e}^{-\mathrm{j}\omega t}\mathrm{d}t \tag{2.7-37}$$

系统脉冲响应函数 $h(t)$ 和频响函数 $H(\omega)$ 决定于系统的物理参数。脉冲响应函数 $h(t)$ 是系统特性在时域中的表现,频响函数 $H(\omega)$ 是系统特性在频域中的表现。它们在现代机械结构动态特性分析中有着重要的作用。

习　题

2-1　如图题 2-1 所示,一小车(重 P)自高 h 处沿斜面滑下,与缓冲器相撞后,随同缓冲器一起作自由振动。弹簧常数 k,斜面倾角为 α,小车与斜面之间摩擦力忽略不计。试求小车的振动周期和振幅。

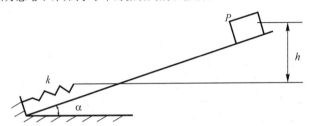

图题 2-1

答案:$T = 2\pi\sqrt{\dfrac{P}{gk}}$,$A = \sqrt{\dfrac{P}{k}\left(2h + \dfrac{P}{k}\sin^2\alpha\right)}$

2-2　两个滑块在光滑的机体槽内滑动(见图题 2-2),机体在水平面内绕固定轴 O 以角速度 ω 转动。每个滑块质量为 m,各用弹簧常数为 k 的弹簧支承。试确定其固有频率。

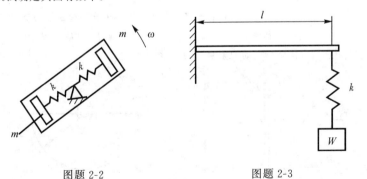

图题 2-2

图题 2-3

答案:$\omega_n^2 = \dfrac{k}{m} - \omega^2$

2-3　如图题 2-3 所示,一悬臂梁长为 l,自由端经一弹簧 k,吊一重物 W。假设 $W = 245\mathrm{N}$,$k = 1960\mathrm{N/m}$,$l = 0.3\mathrm{m}$,悬臂梁的板宽 $b = 0.025\mathrm{m}$,板厚 t

$= 0.006\text{m}, E = 210\text{GN/m}^2$。求此系统的固有频率。

2-4 图题 2-4 所示，两个滚轮以相反方向等速度转动。两个滚轮中心距离为 $2a$，上面放置一重量为 W，长度为 l 的棒。棒与滚轮之间有固体摩擦力。现将棒的重心 c 推出对称位置 O 点，试证明棒将作简谐振动，并导出固体摩擦系数 μ 的表达式。

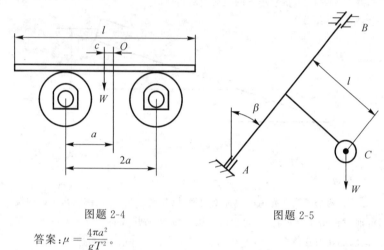

图题 2-4

图题 2-5

答案：$\mu = \dfrac{4\pi a^2}{gT^2}$。

2-5 如图题 2-5 所示，具有与竖直线成一微小角 β 的旋转轴的重摆，假设球的重量集中于其质心 C 处，略去轴承中的摩擦阻力，试确定仅考虑球的重量 W 时，重摆微小振动的频率。

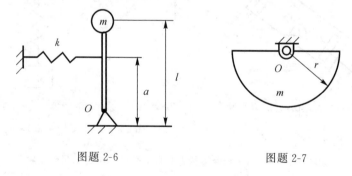

图题 2-6

图题 2-7

答案:$\omega_n = \sqrt{\beta g / l}$

2-6 图题 2-6 所示,竖直杆的顶端带有质量 $m = 1\text{kg}$ 时,测得振动频率为 1.5Hz。当带有质量 $m = 2\text{kg}$ 时,测得振动频率为 0.75Hz。略去杆的质量,试求出使该系统成为不稳定平衡状态时顶端质量 m_s 为多少?

答案:$m_s = 3\text{kg}$

2-7 一个半径为 r、质量为 m 的半圆盘(图题 2-7),可绕轴 O 转动。确定系统的固有频率。

答案:$\omega_n = \sqrt{8g / 3\pi r}$

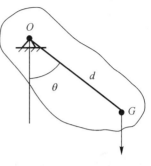

图题 2-8

2-8 复摆(图题 2-8),刚体的质量为 m,重心 G 到支点 O 的距离为 d,确定其固有频率。

答案:$\omega_n = \sqrt{mgd / J}$。

2-9 确定图题 2-9 系统的固有频率(略去杆的质量)。

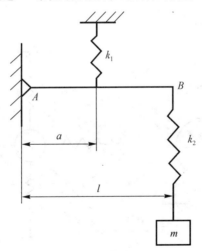

图题 2-9

答案：$\omega_n = \sqrt{\dfrac{k_1 k_2}{m\left[k_1 + k_2\left(\dfrac{l}{a}\right)^2\right]}}$

2-10 质量为 m，半径为 r 的圆盘与弹簧常数为 k 的弹簧相联（图题 2-10）。假定盘在水平面上作没有滑移的滚动。试确定其固有频率。

答案：$\omega_n = \sqrt{2k/3m}$

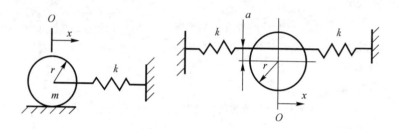

图题 2-10　　　　　　　　　图题 2-11

2-11 确定图题 2-11 所示系统的固有频率。圆盘质量为 m。

答案：$\omega_n = \sqrt{\dfrac{4k(r+a)^2}{3mr^2}}$

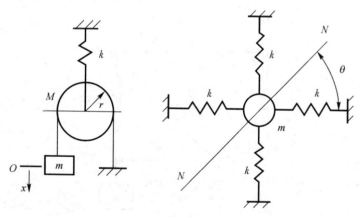

图题 2-12　　　　　　　　　图题 2-13

2-12 确定图题 2-12 系统的固有频率，滑轮质量为 M。

答案：$\omega_n = \sqrt{\dfrac{k}{4m + 3M/2}}$

2-13 确定图题 2-13 系统沿 N-N 方向的等效刚度 k_e。

答案：$k_e = 2k$

2-14 一质量 m，由两对弹簧常数分别为 k_1 和 k_2 的弹簧支承（图题 2-14）。欲加一对弹簧常数为 k_3，使系统在运动平面内任何方向 θ 的等效刚度为常数。确定 k_3、a_3 和 k_e。

答案：$k_3 = \sqrt{\dfrac{k_2^2 + (\sqrt{3}\, k_2 - 2k_1)^2}{2}}$

$a_3 = \dfrac{1}{2}\tan^{-1}\left(\sqrt{3} - \dfrac{2k_1}{k_2}\right)$

$k_e = k_1 + k_2 + \dfrac{1}{2}\left[(\sqrt{3}\, k_2 - 2k_1)^2 + k_2^2\right]^{\frac{1}{2}}$

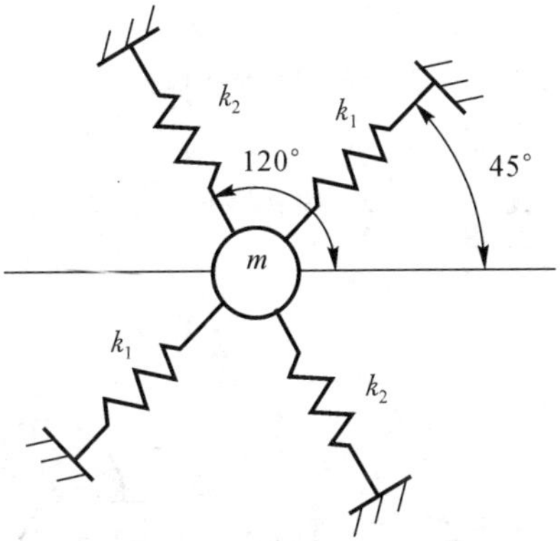

图题 2-14

2-15 一个重量为 W，面积为 A 的活塞在一个气缸中被空气柱支承（图题 2-15）。活塞的平衡位置是在空气柱长为 l 时得到的。当过程为

a）等温；

b）绝热；

时求其作微幅振动的固有频率。

答案：a) $\omega_n = \sqrt{\dfrac{k_e g}{W}}$

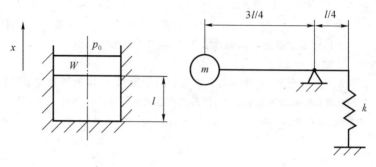

图题 2-15

图题 2-16

$$= \sqrt{\left(\frac{p_0 A}{W} + 1\right)\frac{g}{l}}$$

$$b)\omega_n = \sqrt{\left(\frac{p_0 A}{W} + 1\right)\frac{g\gamma}{l}}$$

2-16 确定图题 2-16 系统的固有频率(略去杆的质量)。

答案:$\omega_n = \sqrt{k/9m}$

2-17 确定图题 2-17 系统的固有频率。

答案:$\omega_n = \sqrt{\dfrac{2g}{3(R-r)}}$

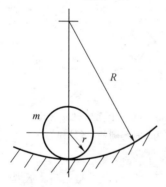

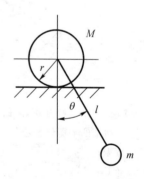

图题 2-17

图题 2-18

2-18 确定图题 2-18 系统的固有频率。质量为 M,半径为 r 的圆盘在地面上作无滑动的滚动。略去杆的质量。

答案：$\omega_n = \sqrt{\dfrac{mgl}{3Mr^2/2 + m(l-r)^2}}$

2-19 用实验方法能测出阻尼器在给定力作用下的平均速度，就可得到阻尼器的阻尼系数，设已知力 $F_d = 9.8\mathrm{N}$ 时，$v = 3.05\mathrm{cm/s}$。

a）求此阻尼器的粘性阻尼系数；

b）将它用于一重量为 980N，弹簧常数为 31360N/m 的弹簧 — 质量系统，其阻尼比为多少？

答案：a）$c = 3.21\mathrm{N \cdot s/cm}$；

　　　b）$\zeta = 0.091$。

2-20 用衰减振动法测定某系统的阻尼系数，测得在振动了 30 周时，振幅由 0.258mm 减小到 0.10mm，求此系统的阻尼比。

答案：$\zeta = 0.005$。

2-21 一个粘性阻尼单自由度系统，在振动时测出周期为 1.8s，相邻两振幅之比为 4.2∶1。求此系统的无阻尼固有频率。

答案：$\omega_n = 1.14\pi$

2-22 一个龙门起重机，要求其水平振动在 25s 内振幅衰减到最大振幅的 5%。起重机可简化成图题 2-22 系统。等效质量 $m = 24500\mathrm{N \cdot s^2/m}$，测得对数衰减 $\delta = 0.10$，问起重机水平方向的刚度 k 至少应达何值。

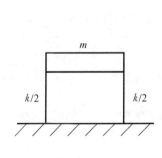

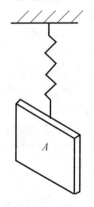

图题 2-22　　　　　　　　　　　图题 2-23

2-23 面积为 A,重量为 W 的一块薄板吊在弹簧的下端(图题 2-23),系统在空气中作无阻尼自由振动时,周期为 T_1。把板浸入油中,作有阻尼自由振动,周期为 T_2。试证明

$$\mu = \frac{2\pi W}{gAT_1T_2}\sqrt{T_2^2 - T_1^2}$$

板上的阻尼力 $F_d = 2\mu Av$,v 是速度,μ 是阻尼系数。

2-24 一个如图题 2-24 所示的扭振系统,其无阻尼固有频率为 ω_{n1},在油中其自由振动频率减小为 ω_{n2},确定系统的阻尼系数。轮子转动惯量为 J,弹簧常数为 k。

答案:$c = 2J\sqrt{\omega_{n1}^2 - \omega_{n2}^2}$

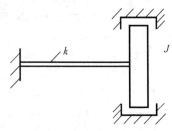

图题 2-24

2-25 一个振动系统有下面参数:$W = 378.3\text{N}$,$k = 39200\text{N/m}$,$c = 392$ N·s/m。求:

a) 阻尼比 ζ;

b) 有阻尼固有频率 ω_d;

c) 对数衰减率 δ;

d) 任意两相邻的振幅比。

答案:$\zeta = 0.159$;$\omega_d = 31.46$;$\delta = 1.025$

2-26 某洗衣机重 14700N,用四个弹簧对称支承,每个弹簧的弹簧常数为 $k = 80360\text{N/m}$。

a) 计算此系统的临界阻尼系数 c_c;

b) 在系统上安装四个阻尼器,每一个阻尼系数为 $c = 1646.4\text{N·s/m}$。这时,系统自由振动经过多少时间后,振幅衰减到 10%;

c) 衰减振动的周期为多少?与不安装阻尼器时的振动周期作比较。

答案:a) $c_c = 43914\text{N·s/m}$;

b) $t = 0.137\text{s}$;

c) $T_d = 0.434\text{s}$ 而 $T_n = 0.429\text{s}$

2-27 导出图题 2-27 单自由度系统的运动微分方程,求出其自由振动的表达式。

答案:$\dddot{x} + \dfrac{\omega_n}{2\zeta}\ddot{x} + \omega_n^2\dot{x} = 0$;

$$x = A_1 + \mathrm{e}^{\zeta'\omega_n t}A\sin(\omega_d t + \psi);$$

$$\zeta' = \dfrac{1}{4\zeta}; \quad \zeta = c/2\sqrt{mk}$$

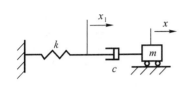

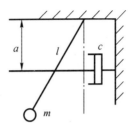

图题 2-27   图题 2-28

2-28　一个集中质量为 m,摆长为 l 的单摆连接了一个阻尼系数为 c 的阻尼器,如图题 2-28 所示。试确定系统的对数衰减率 δ。

答案:$\delta = \dfrac{\pi c a^3}{m^2 l^2}\sqrt{\dfrac{l}{g}}$

2-29　一个橡皮球,其等效重量为 W,等效弹簧常数为 k,等效阻尼系数为 c。如果球从高度 h 落到地面上,试确定其回弹高度 h_r。假定 $W = 9.8\text{N}$;$k = 9800\text{N/m}$;$c = 0.98\text{N}\cdot\text{s/m}$;$h = 100\text{cm}$。

答案:$h_r = 97\text{cm}$

2-30　建立图题 2-30 系统的运动方程,试确定

a)临界阻尼系数;

b)有阻尼固有频率。

答案:$c_c = \dfrac{2l}{a}\sqrt{km}, \omega_d = \dfrac{a}{l}\sqrt{\dfrac{k}{m} - \left(\dfrac{ca}{2ml}\right)}$ (对于图题 2-30(a))

$$c_c = \dfrac{2l}{a}\sqrt{km}, \omega_d = \sqrt{\dfrac{k}{m}\left(\dfrac{l}{a}\right)^2 - \left(\dfrac{c}{2m}\right)^2}$$ (对于图题 2-30(b))

2-31　一质量 $m = 2000\text{N}\cdot\text{s}^2\text{/m}$,以匀速 $v = 3\text{cm/s}$ 运动与弹簧 k 和阻尼 c 相撞后一起作自由振动,如图题 2-31 所示。已知 $k = 48020\text{N/m}$,$c = 1960\text{N}\cdot\text{s/m}$。问质量 m 在相撞后多少时间达到最大振幅?最大振幅是多少?

答案:$t = 0.3\text{s}, x_{\max} = 0.529\text{cm}$。

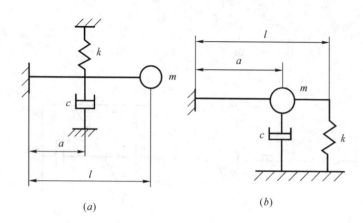

(a)　　　　　　　　　　(b)

图题 2-30

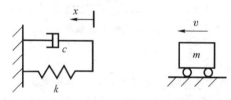

图题 2-31

2-32　一个重为147N的重物,在初始位移5cm时释放(图题2-32),弹簧常数$k = 980\text{N/m}$,假定干摩擦系数$\mu = 0.1$。试确定质量达到静止时的位置。

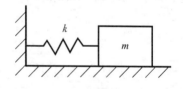

图题 2-32

2-33　一个有阻尼弹簧 — 质量系统,受到简谐激励力的作用。试证明:

发生位移共振的频率比$r = \omega/\omega_n = \sqrt{1 - 2\zeta^2}$;

发生速度共振的频率比$r = 1$;

发生加速度共振的频率比$r = 1/\sqrt{1 + 2\zeta^2}$。

2-34 由激励力 $F\sin\omega t$ 的作用,测得有阻尼弹簧 — 质量系统的位移,在 $r=1$ 时,为 0.58cm;在 $r=0.80$ 时,为 0.46cm。求系统的阻尼系数。

2-35 一个有阻尼弹簧 — 质量系统。写出系统受到激励力 $F\sin\omega t$ 和初始条件 $x(0)=0,\dot{x}(0)=0$ 作用时的响应表达式。

答案:$x = \dfrac{F}{m(\omega_n^2 - \omega^2)}\left(\sin\omega t - \dfrac{\omega}{\omega_n}\sin\omega_n t\right)$

2-36 一个电动机安装在一个工作台的中部。电动机和工作台的总重量为 356N,转动部分的重量为 89N,偏心为 1cm。观察到:当电动机装到工作台上时,其变形为 3.2cm。在自由振动时,1cm 的位移在 1s 内将减小 $1/32$cm。电动机的转速为 900r/min。假定阻尼是粘性的,计算运动的最大幅值。

答案:0.235cm

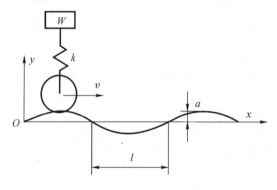

图题 2-37

2-37 一个车轮以速度 v 等速沿波形面移动,如图题 2-37 所示。确定重为 W 的质量块在垂直方向运动的振幅。假定在 W 的作用下弹簧的静位移为 $\delta_{st} = 9.7$cm,$v = 18.2$m/s,波形面可表为 $y = a\sin\pi x/l, a = 2.5$cm,$l = 92$cm。

答案:0.71cm

2-38 确定图题 2-38 系统的绝对位移比。

答案:$\dfrac{X}{Y} = \sqrt{\dfrac{k^4 + c^2\omega^2 k^2}{(k^2 - 2m\omega^2 k)^2 + (c\omega k - mc\omega^3)^2}}$

2-39 图题 2-39 系统的上支承,作振幅为 1.2cm,频率为系统无阻尼固有频率的简谐运动。假定 $k = 6958$N/m,$c = 262.6$N·s/m,质量块重量 $W = 89$N,确定弹簧力和阻尼力的最大幅值。

答案:$F_s = 89$N,$F_d = 29.4$N

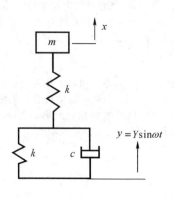

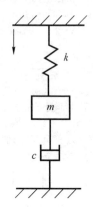

图题 2-38   图题 2-39

2-40 一弹簧—质量系统,$m = 196$kg,$k = 1.96 \times 10^4$N/m,作用在质量块上的激励力为 $F = 156.8\sin 10t$,阻尼系数 $c = 627.2$N·s/m。试求

a) 质量块的振幅及放大因子;

b) 如果把激励频率调为 5Hz,放大因子为多少?

c) 如果把激励频率调为 15Hz,放大因子为多少?

答案:a) $X = 2.5$cm,$M = 3.125$;

b) $M = 1.304$;

c) $M = 0.749$

2-41 若略去题 2-40 中的阻尼,在同样三种情况下放大因子各为多少?与上题比较,说明阻尼对振幅的影响。

答案:a) X 为 ∞,M 为 ∞;

b) $M = 1.333$;

c) $M = 0.8$。

2-42 如图题 2-42 所示的系统,轴的直径为 $d = 2$cm,$l = 40$cm,剪切弹性模量 $G = 80$GN/m^2,圆盘的转动惯量为 $J = 98$kg·m^2,并在 $M = 500\pi\sin 2\pi t$ 的力矩作用下扭振,求振幅。

答案:$\theta = 0.06726$rad

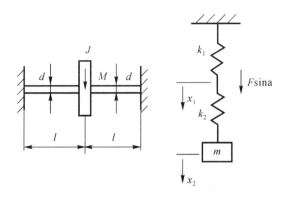

图题 2-42   图题 2-43

2-43   在图题 2-43 所示的弹簧—质量系统中,在两弹簧连接处作用一激励力 $F\sin\omega t$。试求质量块 m 的振幅。

答案:$x_2 = \dfrac{k_2 F}{m(k_1 + k_2)(\omega_n^2 - \omega^2)}\sin\omega t$

2-44   一个重 5145N 的机器以 1800r/min 的转速运行。它支承在 4 个螺旋弹簧上,弹簧钢丝直径为 1.27cm,弹簧的直径为 10cm,共 10 圈。试确定:

a) 对于角速度为 1rad/s 时,不平衡的离心力为 9.8N,传递给基础的最大垂直力为多少?

b) 若使用 8 个弹簧,其他条件不变,传递力将增大多少?

c) 如果要求传给基础的最大垂直力是离心力的 1/10 时,弹簧常数应为多少?

答案:a)1.134N; b)9.21N; c)1694018N/m

2-45   通过实验表明,某种飞机仪器的振幅应当不超过 0.01cm。现发现该仪器有频率等于发动机转角速度的振动,振幅的平均值为 0.05cm。要求给仪器进行隔振,使其在发动机速度接近于 1800r/min 时,振动能在允许的范围内。

a) 支承系统的固有频率应为多少?

b) 如果该仪器安装在固有频率为 $\dfrac{40}{6}$Hz 的系统上时,仪器的振幅为多少?

答案:a)$\omega_n = 12.25$Hz; b)0.0025cm。

2-46 一个重 12446N 的发动机安装在 $k = 1666000$N/m 的弹簧上。一个活塞重 294N,以每分钟 540 次,冲程为 46cm 上下运动,运动可认为是简谐的。

试确定:

a) 若阻尼比为 0.15,传递给地面的力为多少?

b) 机器振幅为多少?

c) 传递给地基的力为多少?

d) 传递力的相角。

答案:a)15403N; b)0.875cm;

c)16113N; d)$\varphi = 136.84°$。

2-47 一机器重 4410N,支承在弹簧隔振器上,弹簧的静变形为 0.5cm。机器有一偏心重,产生偏心激励力 $F = 2.54 \dfrac{\omega^2}{g}$N,$\omega$ 为激励频率,g 为重力加速度,不计阻尼。求:

a) 机器转速为 1200r/min 时,传入地基的力;

b) 机器的振幅。

答案:a)$F_{max} = 514.7$N; b)$X = 0.0584$cm

2-48 若题 2-47 中,机器安装在重 11170N 的混凝土基础上,再在其下装有弹簧隔振器,静变形为 0.5cm,求此时机器的振幅。

答案:$X = 0.0165$cm

2-49 一位移传感器的固有频率为 3Hz,阻尼比为 0.05。记录的信号为 $z = 0.0513\sin(4\pi t - 50°) + 0.0575\sin(8\pi t - 120°)$,确定振动的表达式。

答案:$y = 0.10\sin 4\pi t + 0.05\sin 8\pi t$

2-50 一位移传感器的固有频率为 2Hz,无阻尼,用以测频率为 8Hz 的简谐振动,测得振幅为 0.132cm,问实际振幅为多少?误差为多少?加入一阻尼器,阻尼比为 0.7,测得的振幅将为多少?

答案:$Y = 0.12375$cm,误差为 6.7%;

$Y = 0.12366$cm,误差为 0.07%。

2-51 一位移传感器,其固有频率为 4.75Hz,阻尼比为 0.65,确定测量误差分别小于:a)1%;b)2% 的最低测试频率。

2-52 有加速度计,本身的固有频率为 20rad/s,阻尼比为 0.7,如果允许误差为 1%,能测的最高频率为多少?

答案:$\omega = 8.1\text{rad/s}$

2-53 如果加速度计的固有频率是所测试运动频率的 4 倍,该加速度计的读数误差是多少?

答案:6.66%

2-54 试求图题 2-54 所示系统,在两端都有基础运动的稳态响应。图中 $x_1 = a\sin\omega t$,$x_2 = 3a\sin 2\omega t$,$\omega = 2\sqrt{2k/m}$。

答案:$x = -\dfrac{a}{6}\sin\omega t - \dfrac{a}{10}\sin 2\omega t$

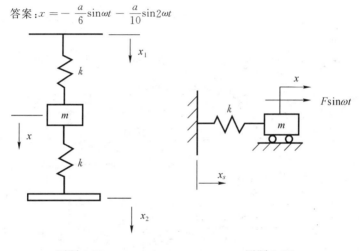

图题 2-54   图题 2-55

2-55 图题 2-55 所示系统,在质量块上作用有激励力 $F = 4900\sin\dfrac{\pi}{2}t$ (N),固定端有基础运动 $x_s = 0.3\sin\dfrac{\pi}{4}t$ (cm)。试写出此系统的稳态响应。已知 $m = 98000\text{kg}$,$k = 966280\text{N/m}$。

答案:$x = 0.32\sin\dfrac{\pi}{4}t + 0.677\sin\dfrac{\pi}{2}t$

2-56 试求单自由度弹簧 — 质量系统,在图题 2-56 所示力函数作用下的稳态响应。

答案:$x(t) = \dfrac{8F_0}{\pi^2 k}\displaystyle\sum_{n=1,3,5}^{\infty}\dfrac{(-1)^{\frac{n-1}{2}}\sin n\omega t}{n^2[1 - rn^2]}$

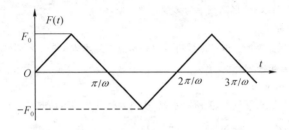

图题 2-56

2-57　试求弹簧—质量系统,在图题 2-57 所示力函数作用下的响应,系统初始时处于静止。

答案:$x = \dfrac{F_0}{k}\left(1 - \cos\omega_n t - \dfrac{t}{t_1} + \dfrac{\sin\omega_n t}{\omega_n t_1}\right)$　$(0 \leqslant t \leqslant t_1)$

$x = \dfrac{F_0}{k}\left(-\cos\omega_n t + \dfrac{\sin\omega_n t - \sin\omega_n(t - t_1)}{\omega_n t_1}\right)$　$(t \geqslant t_1)$

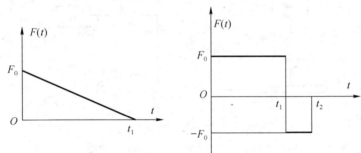

图题 2-57　　　　　　　　　　图题 2-58

2-58　求弹簧—质量系统,对图题 2-58 所示力函数的响应。系统初始时处于静止。

答案:$x = \dfrac{F_0}{k}(1 - \cos\omega_n t)(0 \leqslant t \leqslant t_1)$

$x = \dfrac{F_0}{k}[2\cos\omega_n(t - t_1) - \cos\omega_n t - 1]$　$(t_1 \leqslant t \leqslant t_2)$

$x = \dfrac{F_0}{k}[2\cos\omega_n(t - t_1)\cos\omega_n t - \cos\omega_n(t - t_2)]$　$(t \geqslant t_2)$

第三章

两自由度系统

系统的自由度数就是描述系统运动所必需的独立坐标数。如果一个系统的运动需要两个独立的坐标来描述,那么这个系统就是一个两自由度系统。

两自由度系统和单自由度系统相比,虽然只多了一个自由度,但却是最少的多自由度系统。它将具有多自由度系统的基本特征和规律,而这些特征和规律在单自由度系统中并不存在。通过对两自由度系统的讨论,我们将能用简练的分析,清晰地阐明多自由度系统的一些基本概念、原理、特征和规律,这不仅能对两自由度系统分析的方法有所了解,而且也能对多自由度系统的分析方法有所了解。因此,讨论两自由度系统的振动问题,不仅对两自由度系统,而且对多自由度系统的振动问题也是非常有益的。

第一节　无阻尼自由振动

一、固有模态振动

凡需要用两个独立坐标来描述其运动的系统都是两自由度系统。在实际工程问题中,虽然有无数两自由度系统的具体形式,但从振动的观点看,其运动方程都可以归结为一个一般的形式,以相同的方法去处理。为了便于说明,让我们研究图 3.1-1 的系统。

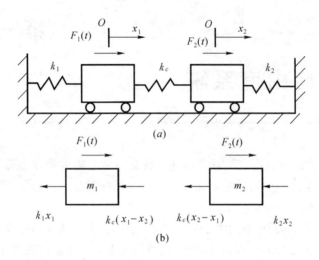

图 3.1-1

对于图示的系统,坐标 x_1 和 x_2 是两个独立的坐标,它们完全描述了系统在任何时刻的运动:不仅表示出质量 m_1 和 m_2 的运动,而且也描述了弹簧 k_1,k_c 和 k_2 的运动。因此,该系统是一个两自由度系统。运动 x_1 和 x_2 是微幅的,系统是线性的。取静平衡位置为两坐标的原点,由牛顿定律得

$$F_1(t) - k_1 x_1 - k_c(x_1 - x_2) = m_1 \ddot{x}_1$$
$$F_2(t) - k_2 x_2 - k_c(x_2 - x_1) = m_2 \ddot{x}_2$$

整理后,得

$$\left. \begin{aligned} m_1 \ddot{x}_1 + (k_1 + k_c)x_1 - k_c x_2 &= F_1(t) \\ m_2 \ddot{x}_2 + (k_2 + k_c)x_2 - k_c x_1 &= F_2(t) \end{aligned} \right\} \tag{3.1-1}$$

这是一个常系数、二阶常微分方程组,对于两自由系统,其数学模型由两个常微分方程组成。写成矩阵的形式,系统的运动方程为

$$\begin{bmatrix} m_1 & 0 \\ 0 & m_2 \end{bmatrix} \begin{Bmatrix} \ddot{x}_1 \\ \ddot{x}_2 \end{Bmatrix} + \begin{bmatrix} k_1 + k_c & -k_c \\ -k_c & k_2 + k_c \end{bmatrix} \begin{Bmatrix} x_1 \\ x_2 \end{Bmatrix} \begin{Bmatrix} F_1(t) \\ F_2(t) \end{Bmatrix} \tag{3.1-2}$$

可以推想,两自由度系统运动方程的一般形式可表示为

$$\begin{bmatrix} m_{11} & m_{12} \\ m_{21} & m_{22} \end{bmatrix} \begin{Bmatrix} \ddot{x}_1 \\ \ddot{x}_2 \end{Bmatrix} + \begin{bmatrix} k_{11} & k_{12} \\ k_{21} & k_{22} \end{bmatrix} \begin{Bmatrix} x_1 \\ x_2 \end{Bmatrix} = \begin{Bmatrix} F_1(t) \\ F_2(t) \end{Bmatrix} \qquad (3.1\text{-}3)$$

令

$$\begin{bmatrix} m_{11} & m_{11} \\ m_{21} & m_{22} \end{bmatrix} = [M], \begin{bmatrix} k_{11} & k_{12} \\ k_{21} & k_{22} \end{bmatrix} = [K]$$

$$\begin{Bmatrix} x_1(t) \\ x_2(t) \end{Bmatrix} = \{x(t)\}, \begin{Bmatrix} F_1(t) \\ F_2(t) \end{Bmatrix} = \{F(t)\}$$

则方程(3.1-3)可表示为

$$[M]\{\ddot{x}\} + [K]\{x\} = \{F(t)\} \qquad (3.1\text{-}4)$$

常数矩阵$[M]$和$[K]$分别叫做质量矩阵和刚度矩阵。$\{x(t)\}$是位移向量,$\{F(t)\}$是力向量。通常,$[M]$和$[K]$是实对称矩阵,即有

$$[M]^T = [M], [K]^T = [K] \qquad (3.1\text{-}5)$$

上标"T"表示矩阵的转置。刚度矩阵$[K]$的元素叫做刚度影响系数。

方程(3.1-4)与无阻尼单自由度系统的运动方程在形式上相同,只是由矩阵和向量符号代替了纯量。纯量也是最简单的矩阵和向量,因而方程(3.1-4)的形式是无阻尼离散系统的一个统一表达式。

对于自由振动问题,不存在持续的外激励力,有$\{F(t)\} = \{0\}$,即$F_1(t) = 0, F_2(t) = 0$。因此,这是由于初始的扰动$\{x(0)\} = \{x_0\}, \{\dot{x}(0)\} = \{\dot{x}_0\}$所引起的振动。这时,系统的运动方程为

$$[M]\{\ddot{x}\} + [K]\{x\} = \{0\} \qquad (3.1\text{-}6)$$

为了便于说明,我们仍以图 3.1-1 的系统作为具体对象来讨论。对照方程(3.1-2)和(3.1-3),对于图 3.1-1 的系统,有

$$k_{11} = k_1 + k_c, \ k_{22} = k_2 + k_c, \ k_{12} = k_{21} = -k_c \qquad (3.1\text{-}7)$$

用刚度影响系数表示,则方程(3.1-3)可表示为

$$m_1\ddot{x}_1 + k_{11}x_1 + k_{12}x_2 = 0 \Big\}$$
$$m_2\ddot{x}_2 + k_{21}x_1 + k_{22}x_2 = 0 \Big\} \qquad (3.1\text{-}8)$$

我们关心的是,系统在受到初始扰动 $\{x_0\}$ 和 $\{\dot{x}_0\}$ 的作用后,是否和单自由度系统一样发生自由振动。为此,要对方程(3.1-8)求解,要确定解的形式。这里,有两个问题需要确定:

1) 坐标 $x_1(t)$ 和 $x_2(t)$ 是否有相同的随时间变化规律;

2) 如果有,那么这一随时间变化的规律是什么,是否是简谐函数。

先假定 $x_1(t)$ 和 $x_2(t)$ 有着相同的随时间变化的规律 $f(t)$,$f(t)$ 是实时间函数。那么,方程的解有

$$x_1(t) = u_1 f(t),\ x_2(t) = u_2 f(t) \qquad (3.1\text{-}9)$$

式中 u_1 和 u_2 是表示运动幅值的实常数。把方程(3.1-9)代入方程(3.1-8),得

$$m_1 u_1 \ddot{f}(t) + (k_{11}u_1 + k_{12}u_2)f(t) = 0$$
$$m_2 u_2 \ddot{f}(t) + (k_{21}u_1 + k_{22}u_2)f(t) = 0$$

如果系统有形为方程(3.1-9)的解,则

$$-\frac{\ddot{f}(t)}{f(t)} = \frac{k_{11}u_1 + k_{12}u_2}{m_1 u_1} = \frac{k_{21}u_1 + k_{22}u_2}{m_2 u_2} = \lambda \quad (3.1\text{-}10)$$

式中 λ 为一实常数,因为 $m_1,m_2,k_{11},k_{12},k_{21},u_1$ 和 u_2 都是实常数,因而 $x_1(t)$ 和 $x_2(t)$ 要有相同时间函数,则方程

$$\ddot{f}(t) + \lambda f(t) = 0 \qquad (3.1\text{-}11)$$

和

$$(k_{11} - \lambda m_1)u_1 + k_{12}u_2 = 0 \Big\}$$
$$k_{21}u_1 + (k_{22} - \lambda m_2)u_2 = 0 \Big\} \qquad (3.1\text{-}12)$$

要有解。先讨论微分方程(3.1-11)。假定方程的解为

$$f(t) = Be^{st}$$

代入式(3.1-11),有

$$s^2 + \lambda = 0 \qquad (3.1\text{-}13)$$

式(3.1-13)有两个根,$\lambda_{1,2}=\pm\sqrt{-\lambda}$。因此方程(3.1-11)的通解为

$$f(t)=B_1 e^{\sqrt{-\lambda}t}+B_2 e^{-\sqrt{-\lambda}t} \tag{3.1-14}$$

如果 λ 为一负数,则 $\sqrt{-\lambda}t$ 和 $-\sqrt{-\lambda}t$ 为实数。当 $t\to\infty$ 时,$f(t)$ 第一项将趋于无限大,而第二项按指数规律趋于零。这种结果和无阻尼系统是不相容的。对于无阻尼系统,在某一时刻输入一定的能量后,能量将守恒,运动既不会减小为零也不会无限地增长。因此 λ 为一负数的可能性必须排除,λ 为一正实数。令 $\lambda=\omega_n^2$,则方程(3.1-14)成为

$$\begin{aligned} f(t)&=B_1 e^{j\omega_n t}+B_2 e^{-j\omega_n t}\\ &=D_1\cos\omega_n t+D_2\sin\omega_n t\\ &=A\sin(\omega_n t+\psi) \end{aligned} \tag{3.1-15}$$

式中 A 是振幅,ψ 是相角。方程(3.1-15)表明,如果 $x_1(t)$ 和 $x_2(t)$ 具有相同的随时间变化的规律(这是可能的),则这个时间函数是简谐函数。那么,自由振动的频率 ω_n 是否是任意的?把 $\lambda=\omega_n^2$ 代入方程(3.1-12),得

$$\left.\begin{aligned} (k_{11}-\omega_n^2 m_1)u_1+k_{12}u_2&=0\\ k_{21}u_1+(k_{22}-\omega_n^2 m_2)u_2&=0 \end{aligned}\right\} \tag{3.1-16}$$

或

$$\begin{bmatrix} k_{11}-\omega_n^2 m_2 & k_{12}\\ k_{21} & k_{22}-\omega_n^2 m_2 \end{bmatrix}\begin{Bmatrix} u_1\\ u_2 \end{Bmatrix}=\begin{Bmatrix} 0\\ 0 \end{Bmatrix} \tag{3.1-17}$$

这是一个参数为 ω_n^2,变量为 u_1 和 u_2 的代数方程组。方程(3.1-16)或(3.1-17)要有非零解,则 u_1 和 u_2 的系数行列式要等于零,即

$$\begin{vmatrix} k_{11}-\omega_n^2 m_1 & k_{12}\\ k_{21} & k_{22}-\omega_n^2 m_2 \end{vmatrix}=0 \tag{3.1-18}$$

方程(3.1-18)叫做系统的特征方程或频率方程。把(3.1-18)展开,可得

$$m_1 m_2\omega_n^4-(m_1 k_{22}+m_2 k_{11})\omega_n^2-k_{11}k_{22}-k_{12}^2=0 \tag{3.1-19}$$

方程的两个根或特征值分别为

$$\omega_{n1,2}^2 = \frac{1}{2}\left[\frac{m_1 k_{22} + m_2 k_{11}}{m_1 m_2}\right.$$

$$\left.\mp\sqrt{\left(\frac{m_1 k_{22} + m_2 k_{11}}{m_1 m_2}\right)^2 - 4\frac{k_{11} k_{22} - k_{12}^2}{m_1 m_2}}\,\right] \qquad (3.1\text{-}20)$$

从而得到 $\pm\omega_{n1}$, $\pm\omega_{n2}$, 且 $|\omega_{n1}| < |\omega_{n2}|$。对于实际的简谐运动 $(-\omega_{n1})$ 和 $(-\omega_{n2})$ 是没有意义的。实际上,$x_1(t)$ 和 $x_2(t)$ 只同时发生两种运动模式,即以 ω_{n1} 为频率和以 ω_{n2} 为频率的两个简谐振动。由方程(3.1-20)可知,ω_{n1} 和 ω_{n2} 只取决于构成系统的物理参数,故它们叫做系统的固有频率。两自由度系统有两个固有频率。

现在,来确定 u_1 和 u_2。由方程(3.1-16)或(3.1-17)可知,它与 ω_n^2 有关。对应于系统的两个固有频率 ω_{n1} 和 ω_{n2},有

$$r_1 = \frac{u_{21}}{u_{11}} = -\frac{k_{11} - \omega_{n1}^2 m_1}{k_{12}} = -\frac{k_{12}}{k_{22} - \omega_{n1}^2 m_2}$$

$$r_2 = \frac{u_{22}}{u_{12}} = -\frac{k_{11} - \omega_{n2}^2 m_1}{k_{12}} = -\frac{k_{12}}{k_{22} - \omega_{n2}^2 m_2} \qquad (3.1\text{-}21)$$

对于 u_{ij},下标 "i" 表示系统的坐标序数,j 表示对应于系统的固有频率序数。对于两自由度系统,$i,j = 1,2$。u_{11} 和 u_{21} 描述了系统发生固有频率为 ω_{n1} 的自由振动时 $x_1(t)$ 和 $x_2(t)$ 的大小,而 u_{12} 和 u_{22} 描述了系统发生固有频率为 ω_{n2} 的自由振动时 $x_1(t)$ 和 $x_2(t)$ 的大小,它们分别反映了系统以某个固有频率作自由振动时的形状或振型,可表示为

$$\left.\begin{aligned}\{u\}_1 &= \begin{Bmatrix} u_{11} \\ u_{21} \end{Bmatrix} = u_{11}\begin{Bmatrix} 1 \\ r_1 \end{Bmatrix} \\ \{u\}_2 &= \begin{Bmatrix} u_{12} \\ u_{22} \end{Bmatrix} = u_{12}\begin{Bmatrix} 1 \\ r_2 \end{Bmatrix}\end{aligned}\right\} \qquad (3.1\text{-}22)$$

$\{u\}_1$ 和 $\{u\}_2$ 叫做特征向量、振型向量或模态向量,r_1 和 r_2 叫做振型比。固有频率和振型向量构成系统振动的固有模态的基本参数(或简称模态参数),它们表明了系统自由振动的特性。两自由度系统

有两个固有模态,即系统的固有模态数等于系统的自由度数。方程(3.1-21)和(3.1-22)表明,对于给定的系统,特征向量或振型向量的相对比值是确定的、唯一的,和固有频率一样决定于系统的物理参数,是系统固有的,而振幅则不同。

由方程(3.1-9)和(3.1-15),可以得到两自由度系统运动方程的两个独立的特解,或系统两个固有模态振动的表达式

$$\{x(t)\}_1 = \begin{Bmatrix} x_1(t) \\ x_2(t) \end{Bmatrix}_1 = \{u\}_1 f_1(t) = A_1 \begin{Bmatrix} 1 \\ r_1 \end{Bmatrix} \sin(\omega_{n1} t + \psi_1)$$

$$\{x(t)\}_2 = \begin{Bmatrix} x_1(t) \\ x_2(t) \end{Bmatrix}_2 = \{u\}_2 f_2(t) = A_2 \begin{Bmatrix} 1 \\ r_2 \end{Bmatrix} \sin(\omega_{n2} t + \psi_2)$$

$$(3.1\text{-}23)$$

系统自由振动的一般表达式,也就是方程的通解为

$$\{x(t)\} = \begin{Bmatrix} x_1(t) \\ x_2(t) \end{Bmatrix} = \begin{Bmatrix} x_1(t) \\ x_2(t) \end{Bmatrix}_1 + \begin{Bmatrix} x_1(t) \\ x_2(t) \end{Bmatrix}_2$$

$$= A_1 \begin{Bmatrix} 1 \\ r_1 \end{Bmatrix} \sin(\omega_{n1} t + \psi_1) + A_2 \begin{Bmatrix} 1 \\ r_2 \end{Bmatrix} \sin(\omega_{n2} t + \psi_2)$$

$$= \begin{bmatrix} 1 & 1 \\ r_1 & r_2 \end{bmatrix} \begin{Bmatrix} A_1 \sin(\omega_{n1} t + \psi_1) \\ A_2 \sin(\omega_{n2} t + \psi_2) \end{Bmatrix} \qquad (3.1\text{-}24)$$

系统自由振动是系统两个固有模态振动的线性组合,$x_1(t)$ 和 $x_2(t)$ 不是作某一固有频率的自由振动,而是两个固有频率的简谐振动的合成振动。只有在某些特定的条件下,系统才会只作某个固有频率的自由振动。

例 1 对于图 3.1-1 的系统,有 $m_1 = m, m_2 = 2m, k_1 = k_c = k, k_2 = 2k$。试确定系统的固有模态。

解 由方程(3.1-7)得

$$k_{11} = k_1 + k_c = 2k, \quad k_{22} = k_2 + k_c = 3k$$

$$k_{12} = k_{21} = -k_c = -k$$

这时系数的特征方程为

$$2m^2\omega_n^4 - 7mk\omega_n^2 + 5k^2 = 0$$

方程的两个特征值为

$$\omega_{n1}^2 = k/m, \quad \omega_{n2}^2 = 5k/2m$$

因此,系统的两个固有频率为

$$\omega_{n1} = \sqrt{\frac{k}{m}}, \quad \omega_{n2} = \sqrt{\frac{5k}{2m}}$$

把 ω_{n1} 和 ω_{n2} 分别代入式(3.1-21),有

$$r_1 = \frac{u_{21}}{u_{11}} = -\frac{k_{11} - \omega_{n1}^2 m_1}{k_{12}} = -\frac{2k - (k/m)m}{-k} = 1$$

$$r_2 = \frac{u_{22}}{u_{12}} = -\frac{k_{11} - \omega_{n2}^2 m_1}{k_{12}} = -\frac{2k - (5k/2m)m}{-k} = -0.5$$

系统的振型向量为

$$\{u\}_1 = \begin{Bmatrix} 1 \\ 1 \end{Bmatrix}, \quad \{u\}_2 = \begin{Bmatrix} 1 \\ -0.5 \end{Bmatrix}$$

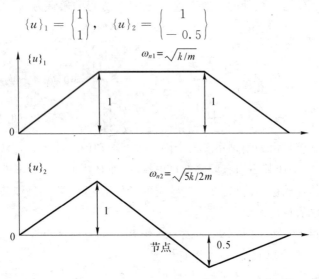

图 3.1-2

图 3.1-2 表示了系统的两阶振型。显然,把 u_{11} 和 u_{12},还是 u_{21} 和 u_{22} 取作 1,不会影响到图 3.1-2 所示系统振动的形状。

应当指出,第二阶模态有一个位移为零的点,这个点叫做波节或结点。

二、广义坐标和坐标耦合

前面,我们对一个两自由度系统进行分析时,选取一组独立的坐标系 x_1 和 x_2。我们要问,对于一个两自由度系统是否只有一组独立的坐标可用以描述其运动?系统运动方程的具体形式是否也只有一种?为了回答这些问题,让我们来分析一个具体的问题。

图 3.1-3(a) 可看作是汽车的某种理想化模型,为了简化,车身可视作一刚性杆,质量为 m,质心在 C 点,车身对质心的转动惯量为 J_c。假定轮胎质量可以略去,支承系统简化为两个弹簧,弹簧常数分别为 k_1 和 k_2。当系统发生振动时,有两个方向的运动:质心 C 在垂直方向的运动 $x_1(t)$;车身绕质心 C 的转动 $\theta(t)$。

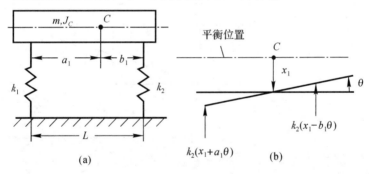

(a)　　　(b)

图 3.1-3

根据图 3.1-3(b),垂直方向的力平衡方程为

$$m\ddot{x}_1 + k_1(x_1 + a_1\theta) + k_2(x_1 - b_1\theta) = 0 \qquad (3.1\text{-}25)$$

而力矩平衡方程为

$$J_c\ddot{\theta} + k_1(x_1 + a_1\theta)a_1 - k_2(x_1 - b_1\theta)b_1 = 0 \qquad (3.1\text{-}26)$$

整理后,得

$$m\ddot{x}_1 + (k_1 + k_2)x_1 + (k_1a_1 - k_2b_1)\theta = 0 \left.\right\}$$
$$J_c\ddot{\theta} + (k_1a_1 - k_2b_1)x_1 + (k_1a_1^2 + k_2b_1^2)\theta = 0 \left.\right\}$$ (3.1-27)

或

$$\begin{bmatrix} m & 0 \\ 0 & J_c \end{bmatrix} \begin{Bmatrix} \ddot{x}_1 \\ \ddot{\theta} \end{Bmatrix} + \begin{bmatrix} k_1 + k_2 & k_1a_1 - k_2b_1 \\ k_1a_1 - k_2b_1 & k_1a_1^2 + k_2b_1^2 \end{bmatrix} \begin{Bmatrix} x_1 \\ \theta \end{Bmatrix} = \begin{Bmatrix} 0 \\ 0 \end{Bmatrix}$$

(3.1-28)

在式(3.1-27)中，两个方程都有 x 和 θ 项。在矩阵方程 (3.1-28) 中，表现为刚度矩阵 $[K]$ 有非零的非对角元。式(3.1-27) 中两个方程不能单独求解，这种状况叫做坐标耦合。现在，方程是通过其刚度项相互耦合，叫做静耦合或弹性耦合。

为了描述图 3.1-3(a) 系统的运动，我们还可以选用图 3.1-4 的一组坐标 x_2 和 θ，并且有 $k_1a_2 = k_2b_2$。此时，可得系统的运动方程

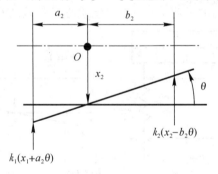

图 3.1-4

$$m\ddot{x}_2 - me\ddot{\theta} + (k_1 + k_2)x_1 = 0 \left.\right\}$$
$$J_O\ddot{\theta} - me\ddot{x}_2 + (k_1a_2^2 + k_2b_1^2)\theta = 0 \left.\right\}$$ (3.1-29)

或

$$\begin{bmatrix} m & -me \\ -me & J_O \end{bmatrix} \begin{Bmatrix} \ddot{x}_2 \\ \ddot{\theta} \end{Bmatrix} + \begin{bmatrix} k_1 + k_2 & 0 \\ 0 & k_1a_2^2 + k_2b_2^2 \end{bmatrix} \begin{Bmatrix} x_2 \\ \theta \end{Bmatrix} = \begin{Bmatrix} 0 \\ 0 \end{Bmatrix}$$

(3.1-30)

式中 J_o 为车身绕点 O 转动的转动惯量。式(3.1-29)的两个方程中都含有 $\ddot{x}_2$ 和 $\ddot{\theta}$ 项,在矩阵方程(3.1-30)中,质量矩阵 $[M]$ 具有非零的非对角元,两运动方程通过惯性项而相互耦合,这种耦合叫做运动耦合或惯性耦合。

如果我们选用图 3.1-5 的一组坐标 x_3 和 θ,就可得到系统的运动方程

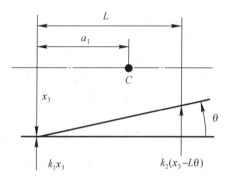

图 3.1-5

$$\left.\begin{array}{l} m\ddot{x}_3 - ma_1\ddot{\theta} + (k_1 + k_2)x_3 - k_2L\theta = 0 \\ J_A\ddot{\theta} - ma_1\ddot{x}_3 - k_2Lx_3 + k_2L^2\theta = 0 \end{array}\right\} \qquad (3.1\text{-}31)$$

或

$$\begin{bmatrix} m & -ma \\ -ma & J_A \end{bmatrix} \begin{Bmatrix} \ddot{x}_3 \\ \ddot{\theta} \end{Bmatrix} + \begin{bmatrix} k_1 + k_2 & -k_2L \\ -k_2L & k_2L^2 \end{bmatrix} \begin{Bmatrix} x_3 \\ \theta \end{Bmatrix} = \begin{Bmatrix} 0 \\ 0 \end{Bmatrix}$$

$$(3.1\text{-}32)$$

这时,方程既含有静耦合又含有动耦合。

通过上面的分析,可以得到这样的结论:

1)描述一个两自由度系统的运动,所需要的独立坐标数是确定的、唯一的,就是自由度数 2。但为描述系统运动可选择的坐标不是只有唯一的一组。

2)对于同一个系统,选取的坐标不同,列出的系统运动方程

的 具体形式也不同,质量矩阵和刚度矩阵对不同的坐标有不同的具体形式。

3)如果系统的质量矩阵和刚度矩阵的非对角元有非零的元素,则表明方程存在着坐标耦合。坐标耦合决定于坐标的选取,不是系统的固有性质。

4)若方程中存在耦合,则各个方程不能单独求解。

5)同一个系统,选取不同的坐标来描述其运动,不会影响到系统的性质,其固有特性不变。

既然坐标耦合是与坐标的选取有关,而不是系统的基本性质,那么是否存在一种坐标,当采用这种坐标来描述系统运动时,系统的运动方程既无动耦合,也无静耦合呢?

三、主坐标

让我们再一次研究方程(3.1-8),将方程的解表示为

$$x_1(t) = q_1(t) + q_2(t) \\ x_2(t) = r_1 q_1(t) + r_2 q_2(t) \quad\quad (3.1-33)$$

式中 $r_1 = u_{21}/u_{11}$,$r_2 = u_{22}/u_{12}$ 为振型比,由式(3.1-21)确定。把式(3.1-33)代入式(3.1-8),则得

$$m_1(\ddot{q}_1 + \ddot{q}_2) + k_{11}(q_1 + q_2) + k_{12}(r_1 q_1 + r_2 q_2) = 0$$
$$(3.1-34a)$$

$$m_2(r_1\ddot{q}_1 + r_2\ddot{q}_2) + k_{12}(q_1 + q_2) + k_{22}(r_1 q_1 + r_2 q_2) = 0$$
$$(3.1-34b)$$

式(3.1-34a)乘以 $m_2 r_2$,式(3.1-34b)乘以 m_1,再两式相减得

$$m_1 m_2 (r_2 - r_1)\ddot{q}_1 + (m_2 r_2 k_{11} + m_2 r_1 r_2 k_{12} - m_1 k_{12} - m_1 r_1 k_{22})q_1 + (m_2 r_2 k_{11} + m_2 r_2^2 k_{12} - m_1 k_{12} - m_1 r_2 k_{22})q_2$$
$$= 0 \quad\quad (3.1-35a)$$

式(3.1-34a)乘以 $m_2 r_1$,式(3.1-34b)乘以 m_1,再两式相减得

$$m_1 m_2 (r_1 - r_2)\ddot{q}_2 + (m_2 r_1 k_{11} + m_2 r_1^2 k_{12} - m_1 k_{12} - m_1 r_1 k_{22})q_1$$

$$+ (m_2r_1k_{11} + m_2r_1r_2k_{12} - m_1k_{12} - m_1r_2k_{22})q_2 = 0$$

$$(3.1\text{-}35b)$$

利用关系式(3.1-21)

$$r_1 = -\frac{k_{11} - \omega_{n1}^2 m_1}{k_{12}} = -\frac{k_{12}}{k_{22} - \omega_{n1}^2 m_2}$$

$$r_2 = -\frac{k_{11} - \omega_{n2}^2 m_1}{k_{12}} = -\frac{k_{12}}{k_{22} - \omega_{n2}^2 m_2}$$

式中 ω_{n1} 和 ω_{n2} 为系统的固有频率,则方程(3.1-35a)和方程(3.1-35b)可简化为

$$\left.\begin{array}{c} \ddot{q}_1 + \omega_{n1}^2 q_1 = 0 \\ \ddot{q}_2 + \omega_{n2}^2 q_2 = 0 \end{array}\right\}$$

$$(3.1\text{-}36)$$

即

$$\ddot{q}_1 + \omega_{ni}^2 q_i = 0 \quad i = 1,2$$

$$(3.1\text{-}37)$$

或

$$\begin{bmatrix} 1 & 0 \\ 0 & 1 \end{bmatrix}\begin{Bmatrix} \ddot{q}_1 \\ \ddot{q}_2 \end{Bmatrix} + \begin{bmatrix} \omega_{n1}^2 & 0 \\ 0 & \omega_{n2}^2 \end{bmatrix}\begin{Bmatrix} q_1 \\ q_2 \end{Bmatrix} = \begin{Bmatrix} 0 \\ 0 \end{Bmatrix}$$

$$(3.1\text{-}38)$$

与方程(3.1-8)相比较,对于坐标 q_1 和 q_2,在方程(3.1-36)或(3.1-37),或(3.1-38)中,每一个方程只含有一个坐标 q_i 及其二阶导数 $\ddot{q}_i$,没有静耦合也没有动耦合。每一个方程是一个独立的微分方程,相当于一个单自由度系统的运动方程,可以单独求解。这种能使系统运动方程不存在耦合,成为相互独立方程的坐标,叫做主坐标或固有坐标。

对方程(3.1-36)或(3.1-37),或(3.1-38)中各方程分别求解,可得

$$\left.\begin{array}{c} q_1(t) = A_1\sin(\omega_{n1}t + \psi_1) \\ q_2(t) = A_2\sin(\omega_{n2}t + \psi_2) \end{array}\right\}$$

$$(3.1\text{-}39)$$

如果我们选取的坐标恰好是系统的主坐标,那么,沿各个主坐标发生的运动将分别是对应于系统某个固有频率 ω_{n1} 或 ω_{n2} 的简谐运

动,而不是组合运动。

从上面的例子可以看出,对于一个系统从一般的广义坐标变换到其主坐标,不是可以任意确定的,它和组成系统的物理参数,表征系统自由振动特性的固有频率和振型向量有关。关于这个问题,将在第四章作详细的讨论。

在对一个系统作振动分析时,坐标的选取一般是根据系统的工作要求和结构特点来确定的,通常不会和系统的主坐标相一致。这种根据分析系统工作要求和结构特点而建立的坐标,也叫做物理坐标,比如 $x_1(t)$ 和 $x_2(t)$。我们关心的往往是系统物理坐标的运动,因此,在得到了主坐标运动的表达式后,还需写出物理坐标的运动表达式。把式(3.1-39)代入式(3.1-33),得

$$\left. \begin{aligned} x_1(t) &= A_1\sin(\omega_{n1}t + \psi_1) + A_2\sin(\omega_{n2}t + \psi_2) \\ x_2(t) &= A_1r_1\sin(\omega_{n1}t + \psi_1) + A_2r_2\sin(\omega_{n2}t + \psi_2) \end{aligned} \right\}$$

$$(3.1\text{-}40)$$

或

$$\{x(t)\} = A_1\begin{Bmatrix} 1 \\ r_1 \end{Bmatrix}\sin(\omega_{n1}t + \psi_1) + A_2\begin{Bmatrix} 1 \\ r_2 \end{Bmatrix}\sin(\omega_{n2}t + \psi_2)$$

$$(3.1\text{-}41)$$

方程(3.1-40)、(3.1-41)和方程(3.1-24)完全一致。振幅 A_1 和 A_2,相角 ψ_1 和 ψ_2 决定于初始条件。

固有频率、振型向量、物理坐标和主坐标不仅对分析系统的自由振动,而且对分析系统的强迫振动也是非常重要的。

四、初始条件引起的系统自由振动

对于一个给定的两自由度系统,固有频率 ω_{n1} 和 ω_{n2}、振型向量 $\{u\}_1$ 和 $\{u\}_2$ 是系统固有的。对于系统自由振动的一般表达式(3.1-24),振幅 A_1 和 A_2,相角 ψ_1 和 ψ_2 是待定的,决定于施加给系统的初始条件。不同的初始条件使系统发生不同形式的自由振动,

但固有频率和振型比是不变的。

假定,施加于系统的初始条件为 $x_1(0) = x_{10}, x_2(0) = x_{20}$ 和 $\dot{x}_1(0) = \dot{x}_{10}, \dot{x}_2(0) = \dot{x}_{20}$。写成向量形式为

$$\left.\begin{array}{l}\{x(0)\} = \begin{Bmatrix} x_1(0) \\ x_2(0) \end{Bmatrix} = \begin{Bmatrix} x_{10} \\ x_{20} \end{Bmatrix} \\[12pt] \{\dot{x}(0)\} = \begin{Bmatrix} \dot{x}_1(0) \\ \dot{x}_2(0) \end{Bmatrix} = \begin{Bmatrix} \dot{x}_{10} \\ \dot{x}_{20} \end{Bmatrix} \end{array}\right\}$$ (3.1-42)

代入方程(3.1-24),得

$$A_1 = \frac{1}{r_2 - r_1} \sqrt{(r_2 x_{10} - x_{20})^2 + \frac{(r_2 \dot{x}_{10} - \dot{x}_{20})^2}{\omega_{n1}^2}}$$

$$A_2 = \frac{1}{r_2 - r_1} \sqrt{(-r_1 x_{10} + x_{20})^2 + \frac{(-r_1 \dot{x}_{10} + \dot{x}_{20})^2}{\omega_{n2}^2}}$$

$$\tan\psi_1 = \frac{\omega_{n1}(r_2 x_{10} - x_{20})}{r_2 \dot{x}_{10} - \dot{x}_{20}}$$

$$\tan\psi_2 = \frac{\omega_{n2}(r_1 x_{10} - x_{20})}{r_1 \dot{x}_{10} - \dot{x}_{20}}$$

(3.1-43)

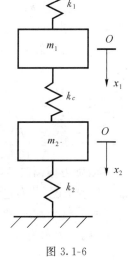

ψ_1 和 ψ_2 的值与上下分母所处相位有关。

例 2 确定图 3.1-6 系统,由初始条件 $x_1(0) = 1, x_2(0) = r_1$ 和 $\dot{x}_1(0) = 0, \dot{x}_2(0) = 0$ 引起的自由振动。

解 把初始条件代入方程(3.1-43),得

$$A_1 = -1, \quad \psi_1 = -\frac{\pi}{2}$$

$$A_2 = 0$$

即

图 3.1-6

$$x_1(t) = -\sin\left(\omega_{n1}t - \frac{\pi}{2}\right)$$
$$= \cos\omega_{n1}t$$
$$x_2(t) = -r_1\sin\left(\omega_{n1}t - \frac{\pi}{2}\right)$$
$$= r_1\cos\omega_{n1}t$$

在这一特定的初始条件下，系统只发生了对应于第一阶固有模态的自由振动。

第二节　无阻尼强迫振动

对于两自由度系统，无阻尼强迫振动运动方程的一般形式可表示为

$$\begin{bmatrix} m_{11} & m_{12} \\ m_{21} & m_{22} \end{bmatrix} \begin{Bmatrix} \ddot{x}_1 \\ \ddot{x}_2 \end{Bmatrix} + \begin{bmatrix} k_{11} & k_{12} \\ k_{21} & k_{22} \end{bmatrix} \begin{Bmatrix} x_1 \\ x_2 \end{Bmatrix} = \begin{Bmatrix} F_1(t) \\ F_2(t) \end{Bmatrix} \quad (3.2\text{-}1)$$

在这一章，我们只讨论最简单的情况——只在系统的一个坐标位置受到简谐外激励力的作用。比如，在 x_1 处作用有简谐外激励力 $F_1(t) = F\sin\omega t$，即

$$\{F(t)\} = \{F\}\sin\omega t \quad (3.2\text{-}2)$$

式中

$$\{F\} = \begin{Bmatrix} F \\ 0 \end{Bmatrix}$$

为外激励力振幅向量，为一实例向量。看上去，我们分析的是一个最简单的情况，其实包含了对相当一般情况的分析。如果系统同时受到两个频率为 ω_1 和 ω_2 的简谐激励力，该两力分别作用于 x_1 和 x_2 处，则可表示为

$$\{F(t)\} = \begin{Bmatrix} F_1 \sin\omega_1 t \\ F_2 \sin\omega_2 t \end{Bmatrix} = \begin{Bmatrix} F_1 \\ 0 \end{Bmatrix} \sin\omega_1 t + \begin{Bmatrix} 0 \\ F_2 \end{Bmatrix} \sin\omega_2 t$$

$$(3.2-3)$$

由于系统是线性系统,叠加原理成立,故这两个激励力同时作用引起的系统稳态响应和两激励力分别作用引起的稳态响应的总和是相同的。所以,求由式(3.1-2)所引起系统的稳态响应是确定由式(3.2-3)引起的系统稳态响应的基础。

如果系统在坐标 x_1 和 x_2 分别受到两个周期为 T_1 和 T_2 的周期激励力,则可表示为

$$F_1(t) = F_1(t+T), \ F_2(t) = F_2(t+T)$$

$$\{F(t)\} = \begin{Bmatrix} F_1(t) \\ F_2(t) \end{Bmatrix} = \begin{Bmatrix} F_1(t) \\ 0 \end{Bmatrix} + \begin{Bmatrix} 0 \\ F_2(t) \end{Bmatrix}$$

$$(3.2-4)$$

同样,为了求出两个周期激励力引起的系统稳态响应,可以先分别求出单个激励力引起的稳定响应。而周期激励力又可展开为 Fourier 级数,因此,求周期激励力引起的稳态响应的基础,仍然是求对单个简谐激励力的稳态响应问题。由此可知,我们所讨论的是一个很基本的情况。这里,线性系统使分析大大地简化。对于更一般的情况,如激励力为任意时间函数,将在第四章讨论。

把强迫振动方程写成简明的形式

$$[M]\{\ddot{x}\} + [K]\{x\} = \{F\}\sin\omega t \qquad (3.2-5)$$

式中质量矩阵 $[M]$ 和刚度矩阵 $[K]$ 通常是实对称矩阵,力向量 $\{F\}$ 为实向量,有

$$\{F\} = \begin{Bmatrix} F \\ 0 \end{Bmatrix} \qquad (3.2-6)$$

用复指数法对方程(3.2-5)求解,用 $\{F\}\mathrm{e}^{\mathrm{j}\omega t}$ 代换 $\{F\}\sin\omega t$,方程(3.2-5)改写为

$$[M]\{\ddot{x}\} + [K]\{x\} = \{F\}\mathrm{e}^{\mathrm{j}\omega t} \qquad (3.2-7)$$

正如单自由度系统所表明的,两自由度系统在简谐激励力作用下

的稳态响应将是与激励力相同频率的简谐函数。为此,令方程(3.2-7)的解为

$$\{x(t)\} = \{\overline{X}\}e^{j\omega t} \tag{3.2-8}$$

式中$\{\overline{X}\}$为响应的复振幅,有

$$\{\overline{X}\} = \left\{ \begin{matrix} \overline{X}_1 \\ \overline{X}_2 \end{matrix} \right\} \tag{3.2-9}$$

把式(3.2-8)代入式(3.2-7),得

$$([K] - \omega^2[M])\{\overline{X}\} = \{F\} \tag{3.2-10}$$

定义

$$[Z(\omega)] = [K] - \omega^2[M]$$

$$= \begin{bmatrix} k_{11} - \omega^2 m_{11} & k_{12} - \omega^2 m_{12} \\ k_{21} - \omega^2 m_{21} & k_{22} - \omega^2 m_{22} \end{bmatrix} \tag{3.2-11}$$

方程(3.2-10)可重写为

$$[Z(\omega)]\{\overline{X}\} = \{F\} \tag{3.2-12}$$

$[Z(\omega)]$叫做机械阻抗矩阵,或阻抗矩阵,动刚度矩阵。由式(3.2-12)得

$$\{\overline{X}\} = [Z(\omega)]^{-1}\{F\} = [H(\omega)]\{F\} \tag{3.2-13}$$

式中

$$[H(\omega)] = [Z(\omega)]^{-1} \tag{3.2-14}$$

叫做机械导纳矩阵,或动柔度矩阵,也叫做传递函数矩阵或频响函数矩阵。

$$\{\overline{X}\} = [Z(\omega)]^{-1}\{F\} = [H(\omega)]\{F\}$$

$$= \frac{1}{|Z(\omega)|} \begin{bmatrix} Z_{22}(\omega) & -Z_{12}(\omega) \\ -Z_{21}(\omega) & Z_{11}(\omega) \end{bmatrix} \left\{ \begin{matrix} F \\ 0 \end{matrix} \right\}$$

$$= \frac{1}{Z_{11}(\omega)Z_{22}(\omega) - Z_{12}(\omega)Z_{21}(\omega)}$$

$$\times \begin{bmatrix} Z_{22}(\omega) & -Z_{12}(\omega) \\ -Z_{21}(\omega) & Z_{11}(\omega) \end{bmatrix} \left\{ \begin{matrix} F \\ 0 \end{matrix} \right\} \tag{3.2-15}$$

式中$|Z(\omega)|$为矩阵$[Z(\omega)]$的行列式。而

$$Z_{ij}(\omega) = k_{ij} - \omega^2 m_{ij} \quad i,j = 1,2 \tag{3.2-16}$$

从而有

$$
\left.\begin{array}{l}
\overline{X}_1 = \dfrac{Z_{22}(\omega)F}{Z_{11}(\omega)Z_{22}(\omega) - Z_{12}(\omega)Z_{21}(\omega)} = H_{11}(\omega)F = X_1 \mathrm{e}^{-\mathrm{j}\varphi_1} \\[4mm]
\overline{X}_2 = \dfrac{-Z_{21}(\omega)F}{Z_{11}(\omega)Z_{22}(\omega) - Z_{12}(\omega)Z_{21}(\omega)} = H_{21}(\omega)F = X_2 \mathrm{e}^{-\mathrm{j}\varphi_2}
\end{array}\right\}
$$

$$(3.2\text{-}17)$$

式中 $H_{11}(\omega)$ 和 $H_{21}(\omega)$ 是频响函数矩阵第一列的两个元,另两个元素 $H_{12}(\omega)$ 和 $H_{22}(\omega)$ 也可从方程(3.2-15)中求得。

$\overline{X}_1(\omega)$ 和 $\overline{X}_2(\omega)$ 决定于激励力的特性(F,ω)和系统的物理参数。X_1 和 X_2 是稳态响应的振幅,φ_1 和 φ_2 是稳态响应 $x_1(t)$ 和 $x_2(t)$ 滞后于激励力的相角。有

$$X_1(\omega) = |\overline{X}_1(\omega)|,\ X_2(\omega) = |\overline{X}_2(\omega)| \qquad (3.2\text{-}18)$$

$$\varphi_1(\omega) = \mathrm{Arg}\,\overline{X}_1(\omega),\ \varphi_2(\omega) = \mathrm{Arg}\,\overline{X}_2(\omega) \qquad (3.2\text{-}19)$$

因此,方程(3.2-7)的解为

$$
\{x(t)\} = \{\overline{X}\}\mathrm{e}^{\mathrm{j}\omega t} = \left\{\begin{array}{l} X_1 \mathrm{e}^{\mathrm{j}(\omega t - \varphi_1)} \\ X_2 \mathrm{e}^{\mathrm{j}(\omega t - \varphi_2)} \end{array}\right\} \qquad (3.2\text{-}20)
$$

系统对简谐激励力 $\left\{\begin{array}{c} F \\ 0 \end{array}\right\}\sin\omega t$ 的稳态响应取式(3.2-20)的虚部,为

$$
\{x(t)\} = \left\{\begin{array}{l} X_1 \sin(\omega t - \varphi_1) \\ X_2 \sin(\omega t - \varphi_2) \end{array}\right\} \qquad (3.2\text{-}21)
$$

由于现在讨论的是无阻尼系统,$\overline{X}_1$ 和 $\overline{X}_2$ 表达式中的各元素都是实数。因此,与单自由度系统无阻尼强迫振动相同,对于不同的激励频率 ω,φ_1 和 φ_2 值可分别为 0 或 π。对于给定的系统,我们也可以画出 $X_1(\omega)$ 和 $X_2(\omega)$,$\varphi_1(\omega)$ 和 $\varphi_2(\omega)$ 随 ω 变化的曲线。这些曲线分别叫做幅频特性曲线和相频特性曲线。

例 第一节例 1 的系统,在坐标 x_1 处受到简谐激励力的作用,画出系统稳态响应 $\overline{X}_1(\omega)$ 和 $\overline{X}_2(\omega)$ 随 ω 变化的曲线。

解 把第一节例 1 中的各参数代入方程(3.2-17),简谐激励

力为 $F_1(t) = F\sin\omega t$, $F_2(t) = 0$。有

$$\overline{X}_1(\omega) = \frac{(3k - 2\omega^2 m)F}{2m^2\omega^4 - 7mk\omega^2 + 5k^2}$$

$$\overline{X}_2(\omega) = \frac{kF}{2m^2\omega^4 - 7mk\omega^2 + 5k^2}$$

可以发现，$\overline{X}_1(\omega)$ 和 $\overline{X}_2(\omega)$ 分母多项式就是系统的特征多项式，只是用 ω 代替了 ω_n。因而系统的特征方程也可表为

$$2m^2\omega^4 - 7mk\omega^2 + 5k^2 = 2m(\omega^2 - \omega_{n1}^2)(\omega^2 - \omega_{n2}^2) = 0$$

式中　　　$\omega_{n1}^2 = \dfrac{k}{m}$, 　$\omega_{n2}^2 = \dfrac{5k}{2m}$

是系统固有频率的平方。因而有

$$\overline{X}_1(\omega) = \frac{2F}{5k} \frac{3/2 - (\omega/\omega_{n1})^2}{[1 - (\omega/\omega_{n1})^2][1 - (\omega/\omega_{n2})^2]}$$

$$\overline{X}_2(\omega) = \frac{F}{5k} \frac{1}{[1 - (\omega/\omega_{n1})^2][1 - (\omega/\omega_{n2})^2]}$$

$\overline{X}_1(\omega)$ 和 $\overline{X}_2(\omega)$ 随 ω/ω_{n1} 变化的曲线画在图 3.2-1 上，该曲线又叫做频响曲线。

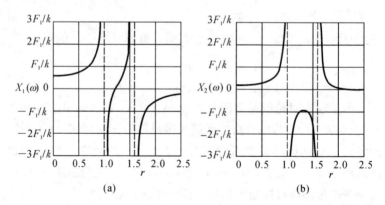

(a)　　　　　　　　　　(b)

图 3.2-1

第三节　　无阻尼吸振器

在第二章,我们讨论了单自由度系统的隔振问题。无论积极隔振还是消极隔振都只能减小振源的影响,不能减小振源本身的振动强度。能不能减小振源本身的强度呢?从图 3.2-1 可以发现,当激励频率 $\omega = \sqrt{3/2}\,\omega_{n1}$ 时,$X_1 = 0$。这时,质量 m_1 在简谐激励力作用下,处于静止状态。这个频率叫做系统的零点。可否利用两自由度系统的这一特性呢?

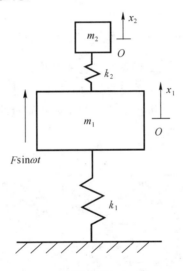

图 3.3-1

让我们研究图 3.3-1 的系统。假定原来的系统是由质量 m_1 和弹簧 k_1 组成的系统,该系统叫做主系统,是一个单自由度系统。在激励力 $F\sin\omega t$ 的作用下,该系统发生了强迫振动。为了减小其振动强度,不能采用改变主系统参数 m_1 和 k_1 的方法,而应设计安装

一个由质量 m_2 和弹簧 k_2 组成的辅助系统 —— 吸振器,形成一个新的两自由度系统。此时,运动方程为

$$\begin{bmatrix} m_1 & 0 \\ 0 & m_2 \end{bmatrix} \begin{Bmatrix} \ddot{x}_1 \\ \ddot{x}_2 \end{Bmatrix} + \begin{bmatrix} k_1 + k_2 & -k_2 \\ -k_2 & k_2 \end{bmatrix} \begin{Bmatrix} x_1 \\ x_2 \end{Bmatrix} = \begin{Bmatrix} F \\ 0 \end{Bmatrix} \sin\omega t$$

$$(3.3\text{-}1)$$

解方程 (3.3-1),得

$$\left. \begin{aligned} \overline{X}_1(\omega) &= \frac{(k_2 - \omega^2 m_2)F}{(k_1 + k_2 - \omega^2 m_1)(k_2 - \omega^2 m_2) - k_2^2} \\ \overline{X}_2(\omega) &= \frac{k_2 F}{(k_1 + k_2 - \omega^2 m_1)(k_2 - \omega^2 m_2) - k_2^2} \end{aligned} \right\} \quad (3.3\text{-}2)$$

令

$\omega_1 = \sqrt{k_1/m_1}$ —— 主系统的固有频率;

$\omega_2 = \sqrt{k_2/m_2}$ —— 吸振器的固有频率;

$X_0 = F/k_1$ —— 主系统的等效静位移;

$\mu = m_2/m_1$ —— 吸振器质量与主系统质量的比。

则方程 (3.3-2) 可变换为

$$\overline{X}_1(\omega) = \frac{[1 - (\frac{\omega}{\omega_2})^2]X_0}{[1 + \mu(\frac{\omega_2}{\omega_1})^2 - (\frac{\omega}{\omega_1})^2][1 - (\frac{\omega}{\omega_2})^2] - \mu(\frac{\omega_2}{\omega_1})^2}$$

$$(3.3\text{-}3a)$$

$$\overline{X}_2(\omega) = \frac{X_0}{[1 + \mu(\frac{\omega_2}{\omega_1})^2 - (\frac{\omega}{\omega_1})^2][1 - (\frac{\omega}{\omega_2})^2] - \mu(\frac{\omega_2}{\omega_1})^2}$$

$$(3.3\text{-}3b)$$

由方程 (3.3-3a) 可以知道,当 $\omega = \omega_2$ 时,主系统质量 m_1 的振幅 X_1 将等于零。这就是说,倘若我们使吸振器的固有频率与主系统的工作频率相等,则主系统的振动将被消除。当 $\omega = \omega_2$ 时,方程 (3.3-3b) 将为

$$\overline{X}_2(\omega) = -\left(\frac{\omega_1}{\omega_2}\right)^2 \frac{X_0}{\mu} = \frac{F}{k_2} \qquad (3.3\text{-}4)$$

这时,吸振器质量的运动为

$$x_2(t) = -\frac{F}{k_2}\sin\omega t \qquad (3.3\text{-}5)$$

吸振器的运动通过弹簧 k_2 给主系统质量 m_1 施加一作用力为

$$k_2 x_2(t) = -F\sin\omega t \qquad (3.3\text{-}6)$$

在任何时刻,吸振器施加于主系统的力精确地与作用于主系统的激励力 $F\sin\omega t$ 平衡。

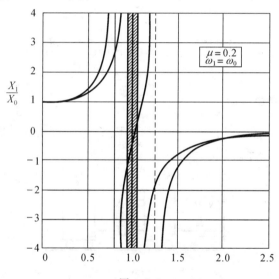

图 3.3-2

虽然,无阻尼吸振器是针对某个给定的工作频率设计的,不过在 ω 近旁的某个小范围内也能满足要求。这时,主系统质量 m_1 的运动虽不是零,但振幅很小。图 3.3-2 表示在 $\mu = 0.2$,$\omega_1 = \omega_2$ 时 $\overline{X}_1/X_0$ 随 ω/ω_2 变化的规律,阴影部分是吸振器的可工作频率范围。安装吸振器的缺点是使一单自由度系统成为一两自由度系统,有两个共振频率,增加了系统共振的可能性。

使式(3.3-3)的分母多项式等于零,即

$$[1 + \mu(\omega_2/\omega_1)^2 - (\omega/\omega_1)^2][1 - (\omega/\omega_2)^2] - \mu(\omega_2/\omega_1)^2 = 0$$
$$(3.3-7)$$

这就是由主系统和吸振器组成的两自由度系统的特征方程。运算后,可得

$$\left(\frac{\omega_2}{\omega_1}\right)^2\left(\frac{\omega}{\omega_2}\right)^4 - \left[1 + (1+\mu)\left(\frac{\omega_2}{\omega_1}\right)^2\right]\left(\frac{\omega}{\omega_2}\right)^2 + 1 = 0 \quad (3.3-8)$$

对于不同的 ω_2/ω_1 和 μ 值,可以从(3.3-8)中解出两自由度系统的两个固有频率。

第四节   有阻尼振动

一、自由振动

图 3.4-1 表示一个具有粘性阻尼的两自由度系统。由图 3.4-1(b) 得系统的运动方程

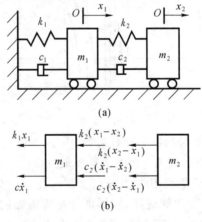

(a)

(b)

图 3.4-1

$$m_1\ddot{x}_1 + (c_1 + c_2)\dot{x}_1 + (k_1 + k_2)x_1 - c_2\dot{x}_2 - k_2x_2 = 0 \Big\}$$
$$m_2\ddot{x}_2 + c_2\dot{x}_2 + k_2x_2 - c_2\dot{x}_1 - k_2x_1 = 0 \Big\}$$

$$(3.4-1)$$

在方程中有弹性耦合,还有通过速度项的粘性耦合。把方程(3.4-1)写成矩阵形式

$$\begin{bmatrix} m_1 & 0 \\ 0 & m_2 \end{bmatrix} \begin{Bmatrix} \ddot{x}_1 \\ \ddot{x}_2 \end{Bmatrix} + \begin{bmatrix} c_1 + c_2 & -c_2 \\ -c_2 & c_2 \end{bmatrix} \begin{Bmatrix} \dot{x}_1 \\ \dot{x}_2 \end{Bmatrix}$$
$$+ \begin{bmatrix} k_1 + k_2 & -k_2 \\ -k_2 & k_2 \end{bmatrix} \begin{Bmatrix} x_1 \\ x_2 \end{Bmatrix} = \begin{Bmatrix} 0 \\ 0 \end{Bmatrix} \qquad (3.4-2)$$

对于有阻尼系统,自由振动运动方程的一般形式可表示为

$$[M]\{\ddot{x}\} + [C]\{\dot{x}\} + [K]\{x\} = \{0\} \qquad (3.4-3)$$

式中 $[M]$、$[C]$ 和 $[K]$ 为质量、阻尼和刚度矩阵,通常为实对称矩阵。$\{\ddot{x}\}$、$\{\dot{x}\}$ 和 $\{x\}$ 为加速度、速度和位移向量。有

$$[M] = \begin{bmatrix} m_{11} & m_{12} \\ m_{21} & m_{22} \end{bmatrix}, \ [C] = \begin{bmatrix} c_{11} & c_{12} \\ c_{21} & c_{22} \end{bmatrix},$$
$$[K] = \begin{bmatrix} k_{11} & k_{12} \\ k_{21} & k_{22} \end{bmatrix}$$
$$\{\ddot{x}(t)\} = \begin{Bmatrix} \ddot{x}_1(t) \\ \ddot{x}_2(t) \end{Bmatrix}, \ \{\dot{x}(t)\} = \begin{Bmatrix} \dot{x}_1(t) \\ \dot{x}_2(t) \end{Bmatrix},$$
$$\{x(t)\} = \begin{Bmatrix} x_1(t) \\ x_2(t) \end{Bmatrix}$$

$$(3.4-4)$$

与单自由度系统相同,假定方程(3.4-3)的解为

$$x_1(t) = B_1 \mathrm{e}^{\lambda t}, \quad x_2(t) = B_2 \mathrm{e}^{\lambda t} \qquad (3.4-5)$$

或

$$\{x(t)\} = \{B\}\mathrm{e}^{\lambda t} = \begin{Bmatrix} B_1 \\ B_2 \end{Bmatrix} \mathrm{e}^{\lambda t} \qquad (3.4-6)$$

则

$$\{\dot{x}(t)\} = \lambda\{B\}\mathrm{e}^{\lambda t}, \ \{\ddot{x}(t)\} = \lambda^2\{B\}\mathrm{e}^{\lambda t} \qquad (3.4-7)$$

把(3.4-6)和(3.4-7)代入(3.4-3),得

$$(\lambda^2[M] + \lambda[C] + [K])\{B\}e^{\lambda t} = \{0\} \tag{3.4-8}$$

由于 $e^{\lambda t}$ 不会恒等于零,要使式(3.4-8)成立,则

$$(\lambda^2[M] + \lambda[C] + [K])\{B\} = \{0\} \tag{3.4-9}$$

即

$$\begin{bmatrix} m_{11}\lambda^2 + c_{11}\lambda + k_{11} & m_{12}\lambda^2 + c_{12}\lambda + k_{12} \\ m_{21}\lambda^2 + c_{21}\lambda + k_{21} & m_{22}\lambda^2 + c_{22}\lambda + k_{22} \end{bmatrix} \begin{Bmatrix} B_1 \\ B_2 \end{Bmatrix} = \begin{Bmatrix} 0 \\ 0 \end{Bmatrix}$$

$$\tag{3.4-10}$$

要使 B_1 和 B_2 有非零解,方程(3.4-10)系数矩阵的行列式必等于零。因此,我们得到系统的特征方程或频率方程

$$\begin{vmatrix} m_{11}\lambda^2 + c_{11}\lambda + k_{11} & m_{12}\lambda^2 + c_{12}\lambda + k_{12} \\ m_{21}\lambda^2 + c_{21}\lambda + k_{21} & m_{22}\lambda^2 + c_{22}\lambda + k_{22} \end{vmatrix} = 0 \tag{3.4-11}$$

或

$$(m_{11}\lambda^2 + c_{11}\lambda + k_{11})(m_{22}\lambda^2 + c_{22}\lambda + k_{22}) - (m_{12}\lambda^2 + c_{12}\lambda$$
$$+ k_{12})(m_{21}\lambda^2 + c_{21}\lambda + k_{21}) = 0 \tag{3.4-12}$$

解方程(3.4-12),可得系统的四个特征值 $\lambda_1, \lambda_2, \lambda_3$ 和 λ_4。

把 $\lambda_1, \lambda_2, \lambda_3$ 和 λ_4 代入方程(3.4-10),得

$$\frac{B_{2i}}{B_{1i}} = -\frac{m_{11}\lambda_i^2 + c_{11}\lambda_i + k_{11}}{m_{12}\lambda_i^2 + c_{12}\lambda_i + k_{12}} = -\frac{m_{21}\lambda_i^2 + c_{21}\lambda_i + k_{21}}{m_{22}\lambda_i^2 + c_{22}\lambda_i + k_{22}} = r_i$$

$$i = 1, 2, 3, 4 \tag{3.4-13}$$

系统的特征值、特征向量及其比值与无阻尼系统相同是系统所固有的,只决定于系统的物理参数。方程(3.4-3)的通解为

$$\{x(t)\} = \begin{Bmatrix} x_1(t) \\ x_2(t) \end{Bmatrix}$$

$$= \begin{Bmatrix} B_{11} \\ B_{21} \end{Bmatrix} e^{\lambda_1 t} + \begin{Bmatrix} B_{12} \\ B_{22} \end{Bmatrix} e^{\lambda_2 t} + \begin{Bmatrix} B_{13} \\ B_{23} \end{Bmatrix} e^{\lambda_3 t} + \begin{Bmatrix} B_{14} \\ B_{24} \end{Bmatrix} e^{\lambda_4 t}$$

$$\tag{3.4-14}$$

或

$$
\begin{aligned}
\{x(t)\} &= \begin{Bmatrix} x_1(t) \\ x_2(t) \end{Bmatrix} \\
&= B_{11} \begin{Bmatrix} 1 \\ r_1 \end{Bmatrix} e^{\lambda_1 t} + B_{12} \begin{Bmatrix} 1 \\ r_2 \end{Bmatrix} e^{\lambda_2 t} + B_{13} \begin{Bmatrix} 1 \\ r_3 \end{Bmatrix} e^{\lambda_3 t} + B_{14} \begin{Bmatrix} 1 \\ r_4 \end{Bmatrix} e^{\lambda_4 t}
\end{aligned}
$$
$$(3.4\text{-}15)$$

与有阻尼单自由度系统相同,由初始条件引起的系统的运动,将随时间不断减小(正阻尼情况)。这表明,系统的四个特征值将是负实根或具有负实部的复根。负实根表明系统的运动将是非周期的,运动将随时间以指数函数衰减,是过阻尼或临界阻尼情况。具有负实部的共轭复根将共轭成对出现,表明系统的运动将是振幅按指数函数衰减的简谐运动,是欠阻尼情况。因此,对于两自由度系统,其特征值将会出现三种可能的组合:

1) 所有四个特征值都是负实根;

2) 四个特征值组成两对具有负实部的共轭复根;

3) 两个特征值为两负实根,而另两个特征值组成一对具有负实部的共轭复根。

当系统的四个特征值都为负实根时,方程(3.4-14)和(3.4-15)就是其位移的表达式。这时,待定常数 B_{11},B_{12},B_{13},B_{14} 和 r_1,r_2,r_3,r_4 都是实数。

当系统的四个特征值为两对共轭复根时,可表示为

$$
\left.
\begin{aligned}
\lambda_1 &= -\sigma_{n1} + j\omega_{d1} \\
\lambda_2 &= -\sigma_{n1} - j\omega_{d1} \\
\lambda_3 &= -\sigma_{n2} + j\omega_{d2} \\
\lambda_4 &= -\sigma_{n2} - j\omega_{d2}
\end{aligned}
\right\}
$$
$$(3.4\text{-}16)$$

而方程(3.4-3)的通解为

$$
x(t) = \begin{Bmatrix} x_1(t) \\ x_2(t) \end{Bmatrix} = e^{-\sigma_{n1} t} \left[\left(B_{11} \begin{Bmatrix} 1 \\ r_1 \end{Bmatrix} + B_{12} \begin{Bmatrix} 1 \\ r_2 \end{Bmatrix} \right) \cos\omega_{d1} t \right.
$$

$$+ \mathrm{j}\left(B_{11}\begin{Bmatrix}1\\r_1\end{Bmatrix} - B_{12}\begin{Bmatrix}1\\r_2\end{Bmatrix}\right)\sin\omega_{d1}t\Bigg] + \mathrm{e}^{-\sigma_{n2}t}\Bigg[\left(B_{13}\begin{Bmatrix}1\\r_3\end{Bmatrix}\right.$$

$$+ B_{14}\begin{Bmatrix}1\\r_4\end{Bmatrix}\Bigg)\cos\omega_{d2}t + \mathrm{j}\left(B_{13}\begin{Bmatrix}1\\r_3\end{Bmatrix} - B_{14}\begin{Bmatrix}1\\r_4\end{Bmatrix}\right)\sin\omega_{d2}t\Bigg]$$

$$(3.4\text{-}17)$$

这时，B_{11} 和 B_{12}，B_{13} 和 B_{14}，r_1 和 r_2，r_3 和 r_4 为共轭复数对，使正弦和余弦项前的系数为实数。

对于第三种可能，特征值为

$$\left.\begin{aligned}&\lambda_1 = -\sigma_{n1}, \lambda_2 = -\sigma_{n2},\\&\lambda_3 = -\sigma_n + \mathrm{j}\omega_d, \lambda_4 = -\sigma_n - \mathrm{j}\omega_d\end{aligned}\right\}\qquad(3.4\text{-}18)$$

方程(3.4-3)的通解为

$$\{x(t)\} = \begin{Bmatrix}x_1(t)\\x_2(t)\end{Bmatrix} = B_{11}\begin{Bmatrix}1\\r_1\end{Bmatrix}\mathrm{e}^{-\sigma_{n1}t} + B_{12}\begin{Bmatrix}1\\r_2\end{Bmatrix}\mathrm{e}^{-\sigma_{n2}t}$$

$$+ \mathrm{e}^{-\sigma_n t}\Bigg[\left(B_{13}\begin{Bmatrix}1\\r_3\end{Bmatrix} + B_{14}\begin{Bmatrix}1\\r_4\end{Bmatrix}\right)\cos\omega_d t$$

$$+ \mathrm{j}\left(B_{13}\begin{Bmatrix}1\\r_3\end{Bmatrix} - B_{14}\begin{Bmatrix}1\\r_4\end{Bmatrix}\right)\sin\omega_d t\Bigg]\qquad(3.4\text{-}19)$$

这时，B_{11}，B_{12}，r_1 和 r_2 为实数；B_{13} 和 B_{14}，r_3 和 r_4 为共轭复数对。

方程(3.4-15)，(3.4-17) 和(3.4-19) 中的待定常数由施加于系统的初始条件确定。

二、强迫振动

两自由度有阻尼系统强迫振动运动方程的一般形式为

$$\begin{bmatrix}m_{11} & m_{12}\\m_{21} & m_{22}\end{bmatrix}\begin{Bmatrix}\ddot{x}_1\\\ddot{x}_2\end{Bmatrix} + \begin{bmatrix}c_{11} & c_{12}\\c_{21} & c_{22}\end{bmatrix}\begin{Bmatrix}\dot{x}_1\\\dot{x}_2\end{Bmatrix} + \begin{bmatrix}k_{11} & k_{12}\\k_{21} & k_{22}\end{bmatrix}\begin{Bmatrix}x_1\\x_2\end{Bmatrix}$$

$$= \begin{Bmatrix}F_1(t)\\F_2(t)\end{Bmatrix}\qquad(3.4\text{-}20)$$

我们研究简谐激励力的情况，这时运动方程可表示为

$$\begin{bmatrix} m_{11} & m_{12} \\ m_{21} & m_{22} \end{bmatrix} \begin{Bmatrix} \ddot{x}_1 \\ \ddot{x}_2 \end{Bmatrix} + \begin{bmatrix} c_{11} & c_{12} \\ c_{21} & c_{22} \end{bmatrix} \begin{Bmatrix} \dot{x}_1 \\ \dot{x}_2 \end{Bmatrix} + \begin{bmatrix} k_{11} & k_{12} \\ k_{21} & k_{22} \end{bmatrix} \begin{Bmatrix} x_1 \\ x_2 \end{Bmatrix}$$

$$= \begin{Bmatrix} F \\ 0 \end{Bmatrix} \sin\omega t \tag{3.4-21}$$

因为对于线性系统,叠加原理成立,这样的分析仍有相当的普遍性。为了确定系统的稳态响应,用复指数法求解。以 $\{F\}\mathrm{e}^{\mathrm{j}\omega t}$ 代换 $\{F\}\sin\omega t$,并令方程的解为

$$x_1(t) = \overline{X}\mathrm{e}^{\mathrm{j}\omega t}, \ x_2(t) = \overline{X}_2\mathrm{e}^{\mathrm{j}\omega t} \tag{3.4-22}$$

代入方程(3.4-21),得

$$\begin{bmatrix} k_{11} - \omega^2 m_{11} + \mathrm{j}\omega c_{11} & k_{12} - \omega^2 m_{12} + \mathrm{j}\omega c_{12} \\ k_{21} - \omega^2 m_{21} + \mathrm{j}\omega c_{21} & k_{22} - \omega^2 m_{22} + \mathrm{j}\omega c_{22} \end{bmatrix} \begin{Bmatrix} \overline{X}_1 \\ \overline{X}_2 \end{Bmatrix}$$

$$= \begin{Bmatrix} F \\ 0 \end{Bmatrix} \tag{3.4-23}$$

或

$$\begin{bmatrix} Z_{11}(\omega) & Z_{12}(\omega) \\ Z_{21}(\omega) & Z_{22}(\omega) \end{bmatrix} \begin{Bmatrix} \overline{X}_1 \\ \overline{X}_2 \end{Bmatrix} = \begin{Bmatrix} F \\ 0 \end{Bmatrix} \tag{3.4-24}$$

也可简写为

$$[Z(\omega)]\{\overline{X}\} = \{F\} \tag{3.4-25}$$

$[Z(\omega)]$ 为机械阻抗矩阵,$Z_{ij}(\omega) = k_{ij} - \omega^2 m_{ij} + \mathrm{j}\omega c_{ij}, i, j = 1, 2$。

因此,方程(3.4-25)的解为

$$\{\overline{X}\} = [Z(\omega)]^{-1}\{F\} = [H(\omega)]\{F\} = \frac{1}{|Z(\omega)|} \times$$

$$\begin{bmatrix} k_{22} - \omega^2 m_{22} + \mathrm{j}\omega c_{22} & -(k_{12} - \omega^2 m_{12} + \mathrm{j}\omega c_{12}) \\ -(k_{21} - \omega^2 m_{21} + \mathrm{j}\omega c_{21}) & k_{11} - \omega^2 m_{11} + \mathrm{j}\omega c_{11} \end{bmatrix} \begin{Bmatrix} F \\ 0 \end{Bmatrix}$$

$$\tag{3.4-26}$$

式中 $[H(\omega)]$ 为机械导纳矩阵或频响函数矩阵,从而有

$$\left.\begin{array}{l}\overline{X}_1(\omega) = \dfrac{k_{22} - \omega^2 m_{22} + \mathrm{j}\omega c_{22}}{|Z(\omega)|}F = X_1\mathrm{e}^{-\mathrm{j}\varphi_1} \\[4mm] \overline{X}_2(\omega) = \dfrac{-(k_{21} - \omega^2 m_{21} + \mathrm{j}\omega c_{21})}{|Z(\omega)|}F = X_2\mathrm{e}^{-\mathrm{j}\varphi_2}\end{array}\right\}$$ (3.4-27)

$\overline{X}_1$ 和 $\overline{X}_2$ 是复振幅,给出了系统在 $F\sin\omega t$ 激励力作用下,系统稳态响应的振幅 X_1 和 X_2 及响应滞后于激励力的相角 φ_1 和 φ_2。因此,系统在简谐激励力作用下的稳态响应是

$$\{x(t)\} = \begin{Bmatrix} x_1(t) \\ x_2(t) \end{Bmatrix} = \begin{Bmatrix} \overline{X}_1 \\ \overline{X}_2 \end{Bmatrix}\sin\omega t = \begin{Bmatrix} X_1\sin(\omega t - \varphi_1) \\ X_2\sin(\omega t - \varphi_2) \end{Bmatrix}$$

(3.4-28)

第五节 有阻尼吸振器

　　无阻尼吸振器是为了在某个给定的频率消除主系统的振动而设计的,适用于常速或速度稍有变动的工作设备。有些设备的工作速度是在一个比较大的范围内变动,要消除其振动,就产生了有阻尼吸振器。

　　图 3.5-1 中,由质量 m_1 和弹簧 k_1 组成的系统是主系统。为了在相当宽的工作速度范围内,使主系统的振动能够减小到要求的强度,设计了由质量 m_2、弹簧 k_2 和粘性阻尼器 c 组成的系统,它叫做有阻尼吸振器。主系统和吸振器组成了一个新

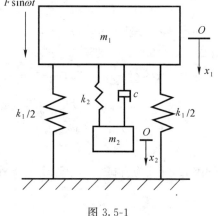

图 3.5-1

的两自由度系统,其运动方程为

$$\begin{bmatrix} m_1 & 0 \\ 0 & m_2 \end{bmatrix} \begin{Bmatrix} \ddot{x}_1 \\ \ddot{x}_2 \end{Bmatrix} + \begin{bmatrix} c & -c \\ -c & c \end{bmatrix} \begin{Bmatrix} \dot{x}_1 \\ \dot{x}_2 \end{Bmatrix} + \begin{bmatrix} k_1 + k_2 & -k_2 \\ -k_2 & k_2 \end{bmatrix} \begin{Bmatrix} x_1 \\ x_2 \end{Bmatrix}$$

$$= \begin{Bmatrix} F \\ 0 \end{Bmatrix} \sin\omega t \tag{3.5-1}$$

解方程(3.5-1)可得

$$\left. \begin{aligned} \overline{X}_1(\omega) &= \frac{k_2 - \omega^2 m_2 + \mathrm{j}\omega c}{|Z(\omega)|} F \\ \overline{X}_2(\omega) &= \frac{k_2 + \mathrm{j}\omega c}{|Z(\omega)|} F \end{aligned} \right\} \tag{3.5-2}$$

式中

$$\begin{aligned} |Z(\omega)| &= \begin{vmatrix} k_1 + k_2 - \omega^2 m_1 + \mathrm{j}\omega c & -(k_2 + \mathrm{j}\omega c) \\ -(k_2 + \mathrm{j}\omega c) & k_2 - \omega^2 m_2 + \mathrm{j}\omega c \end{vmatrix} \\ &= (k_1 - \omega^2 m_1)(k_2 - \omega^2 m_2) - \omega^2 k_2 m_2 \\ &\quad + \mathrm{j}\omega c(k_1 - \omega^2 m_1 - \omega^2 m_2) \end{aligned} \tag{3.5-3}$$

因而有

$$\left. \begin{aligned} X_1 &= |\overline{X}_1| = \frac{F\sqrt{(k_2 - \omega^2 m_2) + \omega^2 c^2}}{\sqrt{a^2 + b^2}} \\ X_2 &= |\overline{X}_2| = \frac{F\sqrt{k_2 + (\omega c)^2}}{\sqrt{a^2 + b^2}} \end{aligned} \right\} \tag{3.5-4}$$

式中

$$a = (k_1 - \omega^2 m_1)(k_2 - \omega^2 m_2) - \omega^2 k_2 m_2$$
$$b = \omega c(k_1 - \omega^2 m_1 - \omega^2 m_2)$$

我们关心的是如何选择吸振器参数 m_2、k_2 和 c,使主系统在激励力 $F\sin\omega t$ 的作用下的稳态响应振幅减小到允许的数值范围内。为了简化讨论,引入下列的符号

$$\frac{F}{k_1} = X_0, \qquad \omega_1 = \sqrt{\frac{k_1}{m_1}}$$

$$\omega_2 = \sqrt{\frac{k_2}{m_2}}, \qquad \mu = \frac{m_2}{m_1}$$

$$\delta = \frac{\omega_2}{\omega_1}, \qquad r = \frac{\omega}{\omega_1}$$

$$\zeta = \frac{c}{2m_2\omega_1}。$$

把式(3.5-4)中的 X_1 由上述符号化成无量纲的形式

$$\frac{X_1^2}{X_0^2} = \frac{(\delta^2 - r^2)^2 + 4\zeta^2 r^2}{[(1 - r^2)(\delta^2 - r^2) - \mu r^2 \delta^2]^2 + 4\zeta^2 r^2 (1 - r^2 - \mu r^2)^2}$$

$$(3.5\text{-}5)$$

若 $c = \zeta = 0$,由式(3.5-2)可以得到无阻尼吸振器振幅的表达式 (3.3-2)。由式(3.5-5)就可得到具有无阻尼吸振器的主系统振幅的无量纲表达式

$$\frac{X_1^2}{X_0^2} = \frac{(\delta^2 - r^2)^2}{[(1 - r^2)(\delta^2 - r^2) - \mu r^2 \delta^2]^2} \qquad (3.5\text{-}6)$$

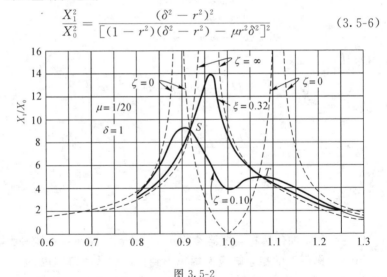

图 3.5-2

对于 $\mu = \dfrac{1}{20}$,$\delta = 1$ 时,$\zeta = 0$ 的主系统响应曲线表示在图 3.5-2。图中画出了 X_1/X_0 的绝对值。

另一个极端情况是 $c = \infty$，即 $\zeta = \infty$。阻尼为无限大，质量 m_1 和 m_2 将无相对运动，这时我们得到了一个由质量 $m_1 + m_2$ 和弹簧 k_1 组成的单自由度系统。该系统的稳态响应可直接由式(3.5-5)或由单自由度系统稳态响应表达式求得，即

$$\frac{X_1^2}{X_0^2} = \frac{1}{(1 - r^2 - \mu r^2)^2} \qquad (3.5-7)$$

其无阻尼固有频率，可由式(3.5-7)的分母多项式等于零求得，即

$$r_\infty = \frac{1}{\sqrt{1 + \mu}} = \frac{m_1}{m_1 + m_2} \qquad (3.5-8)$$

对于 $\mu = \dfrac{1}{20}$，$r_\infty = 0.976$，$\zeta = \infty$ 的响应曲线也表示在图 3.5-2 上。该响应曲线与单自由度系统的响应曲线相同。对于其他的阻尼值，响应曲线将介于 $\zeta = 0$ 和 $\zeta = \infty$ 之间，根据式(3.5-5)画出。在图 3.5-2 中还画出了 $\zeta = 0.1$ 和 $\zeta = 0.32$ 的曲线。

有趣的是，在图 3.5-2 中，所有响应的曲线都交于 S 点和 T 点。这表明，在这两个点所对应的频率比 r 值，质量 m_1 的稳态响应的振幅与吸振器的阻尼 c 无关。S 点和 T 点的 r 值，可由任两个不同阻尼值的响应曲线求得，最方便的就是使式(3.5-6)和(3.5-7)相等来得到，即

$$\frac{\delta^2 - r^2}{(1 - r^2)(\delta^2 - r^2) - \mu^2 r^2 \delta^2} = \frac{\pm 1}{1 - r^2 - \mu r^2} \qquad (3.5-9)$$

取正号，有 $\mu r^4 = 0$，$r = 0$，这不是所期望的。因而取负号，得

$$r^4 - 2r^2 \frac{1 + \delta^2 + \mu \delta^2}{2 + \mu} + \frac{2\delta^2}{2 + \mu} = 0 \qquad (3.5-10)$$

由式(3.5-10)可以求得 S 点和 T 点对应的 r_S 和 r_T 的表达式(是 μ 和 δ 的函数)。由于 S 点和 T 点的响应与阻尼无关，要确定其大小，任何阻尼值的响应方程都可应用，最简单的是无阻尼响应方程。为此，把求得的 r_S 和 r_T 的表达式代入方程(3.5-5)，求得

$$\left.\begin{array}{l} \dfrac{X_{1S}}{X_0} = \dfrac{1}{1 - r_S^2 - \mu r_S^2} \\[3mm] \dfrac{X_{1T}}{X_0} = \dfrac{1}{1 - r_T^2 - \mu r_T^2} \end{array}\right\} \qquad (3.5\text{-}11)$$

对于工程问题,并不要求使主系统的振幅 X_1 一定要等于零,只要小于允许的数值就可以了。因此,为了使主系统在相当宽的频率范围内工作,我们将这样来设计吸振器:使 $X_{1S} = X_{1T}$;并使 X_{1S} 和 X_{1T} 为某个响应曲线的最大值;合理选择和确定吸振器参数,把 X_{1S} 和 X_{1T} 控制在要求的数值以内。

由 $X_{1S} = X_{1T}$,得

$$\delta = \frac{1}{1 + \mu} \qquad (3.5\text{-}12)$$

代入式(3.5-10),得

$$r_{S,T}^2 = \frac{1}{1 + \mu}\left[1 \mp \sqrt{\frac{\mu}{2 + \mu}}\right] \qquad (3.5\text{-}13)$$

从而得

$$\frac{X_{1S}}{X_0} = \frac{X_{1T}}{X_0} = \sqrt{\frac{2 + \mu}{\mu}} \qquad (3.5\text{-}14)$$

由主系统允许的最大振动,可通过式(3.5-14)确定 μ,从而确定吸振器质量 m_2。把(3.5-14)得到的 μ 值代入(3.5-12),可得 δ,即确定了 ω_2,从而得到了吸振器弹簧的弹簧常数 k_2。最后,要确定吸振器阻尼器的阻尼系数 c。为使 X_{1S} 和 X_{1T} 为响应曲线的最大值,则应在响应曲线的 S 点和 T 点有水平切线,从而可得相应的 ζ 值。由于使 X_{1S} 和 X_{1T} 为最大值的 ζ 值并不相等,故取平均值得

$$\zeta = \sqrt{\frac{3\mu}{8(1 + \mu)}} \qquad (3.5\text{-}15)$$

吸振器参数 m_2、k_2 和 c 确定以后,就与主系统构成了一个确定的两自由度系统,其响应方程和曲线都是确定的,在 S 点和 T 点有最大值,且小于允许的数值。

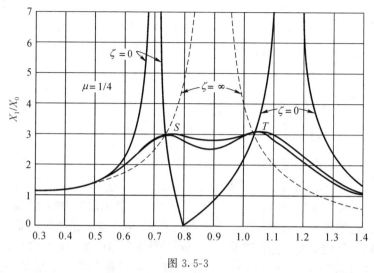

图 3.5-3

图 3.5-3 表示出在 S 点和 T 点分别具有水平切线的两条响应曲线 $\left(\mu = \dfrac{1}{4}\right)$。可见,对于这两条切线,在 S 点和 T 点以外的响应值相差很小。显然,在相当宽的频率范围内,主系统有着小于允许振幅的振动,这就达到了减小主系统振动的目的。

第六节　　位移方程

在前面的讨论中,系统的运动方程表示为

$$[M]\{\ddot{x}\} + [K]\{x\} = \{F(t)\}$$

或

$$[M]\{\ddot{x}\} + [C]\{\dot{x}\} + [K]\{x\} = \{F(t)\}$$

在自由振动时,$\{F(t)\} = \{0\}$。在这些方程中,每一项都代表一种力(或力矩):惯性力、弹性恢复力、阻尼力和外激励力。这种形式的方程是作用力(或力矩)方程。

对于许多工程问题,建立起系统的作用力方程是比较方便的。但是,有些系统采用另一种形式 —— 位移方程,可能比作用力方程更为方便。

一、柔度影响系数

我们定义弹簧常数为 k 的弹簧的柔度系数为

$$d = \frac{1}{k} \qquad\qquad (3.6\text{-}1)$$

因而,图 3.6-1 中两个弹簧的柔度系数为 $d_1 = 1/k_1$ 和 $d_2 = 1/k_2$。假定作用在质量 m_1 和 m_2 上的力 F_1 和 F_2 是静态加上去的(以致不出现惯性力),只使 m_1 和 m_2 产生静位移。对于线性系统,F_1 和 F_2 同时作用引起的静位移等于 F_1 和 F_2 分别作用引起的静位移的总和。图 3.6-1(b) 和图 3.6-1(c) 是只有 F_1 或只有 F_2 作用的情况。显然有

$$\left. \begin{array}{l} x_{11} = \dfrac{F_1}{k_1} = d_1 F_1, \; x_{21} = x_{11} = d_1 F_1 \\[2mm] x_{12} = \dfrac{F_2}{k_1} = d_1 F_2, \; x_{22} = \dfrac{F_2}{k_1} + \dfrac{F_2}{k_2} = (d_1 + d_2) F_2 \end{array} \right\}$$

$$(3.6\text{-}2)$$

当 F_1 和 F_2 同时作用时,有

$$\left. \begin{array}{l} x_1 = x_{11} + x_{12} = d_1 F_1 + d_1 F_2 \\ x_2 = x_{21} + x_{22} = d_1 F_1 + (d_1 + d_2) F_2 \end{array} \right\} \qquad (3.6\text{-}3)$$

写成矩阵形式,则有

$$\begin{Bmatrix} x_1 \\ x_2 \end{Bmatrix} = \begin{bmatrix} d_1 & d_1 \\ d_1 & d_1 + d_2 \end{bmatrix} \begin{Bmatrix} F_1 \\ F_2 \end{Bmatrix} \qquad (3.6\text{-}4)$$

$$\{x\} = [D]\{F\} \qquad\qquad (3.6\text{-}5)$$

$[D]$ 叫做柔度矩阵,其元 $d_{ij}, i, j = 1, 2$,叫做柔度影响系数,定义

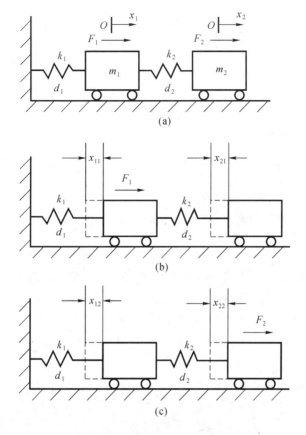

图 3.6-1

为

$$d_{ij} = \frac{x_i}{F_j} \qquad i,j = 1,2 \qquad (3.6\text{-}6)$$

即,只在 j 点作用一单位力时,在 i 点引起的位移的大小。利用柔度影响系数的定义,我们也可以确定系统的柔度矩阵。对于图 3.6-1 的系统,由于在图 3.6-1(b) 中,$F_2 = 0$,令 $F_1 = 1$,即可得

$$d_{11} = x_{11} = \frac{1}{k_1} = d_1, d_{21} = x_{21} = d_{11} = d_1$$

在图 3.6-1(c) 中,$F_1 = 0$,令 $F_2 = 1$,即可得

$$d_{12} = x_{12} = \frac{1}{k_1} = d_1$$

$$d_{22} = x_{22} = \frac{1}{k_1} + \frac{1}{k_2} = d_1 + d_2$$

系统的柔度矩阵为

$$[D] = \begin{bmatrix} d_{11} & d_{12} \\ d_{21} & d_{22} \end{bmatrix} = \begin{bmatrix} d_1 & d_1 \\ d_1 & d_1 + d_2 \end{bmatrix}$$

通常,柔度矩阵是对称的。

对于系统的刚度矩阵,其元素 k_{ij},也叫刚度影响系数,定义为

$$k_{ij} = \frac{F_i}{x_j} \quad i,j = 1,2 \tag{3.6-7}$$

它表明只在 j 点产生一单位位移时,在 i 点需要施加的力的大小。利用这一定义可以确定系统的刚度矩阵。

由图 3.6-2(a) 和图 3.6-2(b) 可得

$$k_{11} = k_1 + k_2, \quad k_{21} = -k_2$$

$$k_{12} = -k_2, \quad k_{22} = k_2$$

因而系统的刚度矩阵为

$$[K] = \begin{bmatrix} k_1 + k_2 & -k_2 \\ -k_2 & k_2 \end{bmatrix}$$

对于有阻尼系统,阻尼矩阵的元素 —— 阻尼影响系数也可按其定义以类似的方法确定。

如果作用于图 3.6-1(a) 系统质量 m_1 和 m_2 上的为动力 $F_1(t)$ 和 $F_2(t)$,则惯性力($-m_1\ddot{x}_1$)和($-m_2\ddot{x}_2$)也必须考虑,则方程 (3.6-4) 应改写为

$$\begin{Bmatrix} x_1 \\ x_2 \end{Bmatrix} = \begin{bmatrix} d_{11} & d_{12} \\ d_{21} & d_{22} \end{bmatrix} \begin{Bmatrix} F_1(t) - m_1\ddot{x}_1 \\ F_2(t) - m_2\ddot{x}_2 \end{Bmatrix}$$

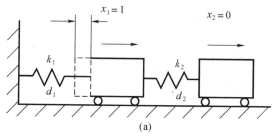

(a)

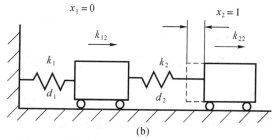

(b)

图 3.6-2

或

$$\left\{\begin{matrix} x_1 \\ x_2 \end{matrix}\right\} = \begin{bmatrix} d_{11} & d_{12} \\ d_{21} & d_{22} \end{bmatrix} \left(\left\{\begin{matrix} F_1(t) \\ F_2(t) \end{matrix}\right\} - \begin{bmatrix} m_1 & 0 \\ 0 & m_2 \end{bmatrix} \left\{\begin{matrix} \ddot{x}_1 \\ \ddot{x}_2 \end{matrix}\right\} \right) \quad (3.6\text{-}8)$$

简写为

$$\{x\} = [D](\{F(t)\} - [M]\{\ddot{x}\}) \quad (3.6\text{-}9)$$

方程(3.6-8)或(3.6-9)就是图 3.6-1(a)系统的运动方程 —— 位移方程。有时,也把方程(3.6-8)表示为

$$\begin{bmatrix} d_{11} & d_{12} \\ d_{21} & d_{22} \end{bmatrix} \begin{bmatrix} m_1 & 0 \\ 0 & m_2 \end{bmatrix} \left\{\begin{matrix} \ddot{x}_1 \\ \ddot{x}_2 \end{matrix}\right\} + \left\{\begin{matrix} x_1 \\ x_2 \end{matrix}\right\} = \begin{bmatrix} d_{11} & d_{12} \\ d_{21} & d_{22} \end{bmatrix} \left\{\begin{matrix} F_1(t) \\ F_2(t) \end{matrix}\right\}$$

$$(3.6\text{-}10)$$

对于一般情况,由位移方程表示的两自由度无阻尼系统的运动方程为

$$\begin{Bmatrix} x_1 \\ x_2 \end{Bmatrix} = \begin{bmatrix} d_{11} & d_{12} \\ d_{21} & d_{22} \end{bmatrix} \left(\begin{Bmatrix} F_1(t) \\ F_2(t) \end{Bmatrix} - \begin{bmatrix} m_{11} & m_{12} \\ m_{21} & m_{22} \end{bmatrix} \begin{Bmatrix} \ddot{x}_1 \\ \ddot{x}_2 \end{Bmatrix} \right) \qquad (3.6\text{-}11)$$

两自由度无阻尼系统的作用力方程为

$$[M]\{\ddot{x}\} + [K]\{x\} = \{F(t)\}$$

即

$$[K]\{x\} = \{F(t)\} - [M]\{\ddot{x}\}$$

因而有

$$\{x\} = [K]^{-1}(\{F(t)\} - [M]\{\ddot{x}\})$$

与位移方程比较,得

$$[D] = [K]^{-1} \qquad (3.6\text{-}12)$$

系统的柔度矩阵是系统刚度矩阵的逆矩阵,但系统的刚度矩阵必须是非奇异的。

例1 一根带有两集中质量 m_1 和 m_2 的无重梁(图3.6-3(a))。只考虑与弯曲变形有关的微小位移,试列出系统的位移方程。

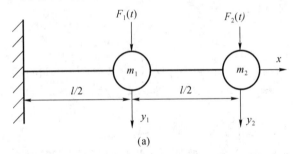

(a)

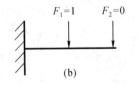

(b)

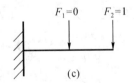

(c)

图 3.6-3

解 由图3.6-3(b),根据材料力学弯曲变形的挠度公式,得

$$d_{11} = \frac{l^3}{24EI}, \quad d_{21} = \frac{5l^3}{48EI}$$

由图 3.6-3(c),得

$$d_{12} = \frac{5l^3}{48EI}, \quad d_{22} = \frac{l^3}{8EI}$$

系统的柔度矩阵为

$$[D] = \frac{l^3}{48EI}\begin{bmatrix} 2 & 5 \\ 5 & 6 \end{bmatrix}$$

故系统的位移方程为

$$\begin{Bmatrix} y_1 \\ y_2 \end{Bmatrix} = \frac{l^3}{48EI}\begin{bmatrix} 2 & 5 \\ 5 & 6 \end{bmatrix}\left\{\begin{Bmatrix} F_1(t) \\ F_2(t) \end{Bmatrix} - \begin{bmatrix} m_1 & 0 \\ 0 & m_2 \end{bmatrix}\begin{Bmatrix} \ddot{y}_1 \\ \ddot{y}_2 \end{Bmatrix}\right\}$$

例 2 图 3.6-4(a) 的简单框架由两根弯曲刚度为 EI 的棱柱形杆组成。一个质量 m 在其自由端处与框架连接,该点处微小位移 x_1 和 y_1 的大小属于同一级别,试用 x_1 和 y_1 为位移坐标并略去重力影响写出系统动力学方程。

解 图 3.6-4(b) 和 3.6-4(c) 表示单位载荷 $Q_x = 1$ 和 $Q_y = 1$ 时的作用效果。根据材料力学相关公式有

$$d_{11} = \frac{4l^3}{3EI} \qquad d_{21} = \frac{l^3}{2EI}$$

$$d_{12} = \frac{l^3}{2EI} \qquad d_{22} = \frac{l^3}{3EI}$$

因此系统柔度矩阵为

$$[D] = \frac{l^3}{6EI}\begin{bmatrix} 8 & 3 \\ 3 & 2 \end{bmatrix}$$

系统的位移方程为

$$\begin{Bmatrix} x_1 \\ y_1 \end{Bmatrix} = \frac{l^3}{6EI}\begin{bmatrix} 8 & 3 \\ 3 & 2 \end{bmatrix}\left\{\begin{Bmatrix} Q_x(t) \\ Q_y(t) \end{Bmatrix} - \begin{bmatrix} m & 0 \\ 0 & m \end{bmatrix}\begin{Bmatrix} \ddot{x}_1 \\ \ddot{y}_1 \end{Bmatrix}\right\}$$

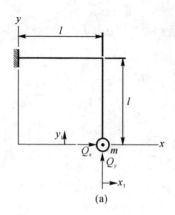

(a)

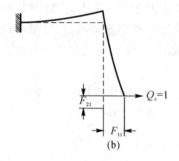

(b)

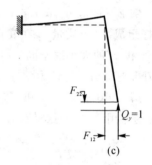

(c)

图 3.6-4

二、位移方程的求解

1. 自由振动

系统的运动方程为

$$\{x\} = -[D][M]\{\ddot{x}\} \tag{3.6-13}$$

或

$$[D][M]\{\ddot{x}\} + \{x\} = \{0\} \tag{3.6-14}$$

当系统做固有模态振动时,有

$$\{x\} = \{u\}\sin(\omega_n t + \psi)$$

代入方程(3.6-13)或(3.6-14),得

$$(-\omega_n^2[D][M] + [I])\{u\}\sin(\omega_n t + \psi) = \{0\} \quad (3.6\text{-}15)$$

式中$[I]$为单位矩阵。因而有

$$(-\omega_n^2[D][M] + [I])\{u\} = \{0\} \quad (3.6\text{-}16)$$

令 $\qquad \lambda = \dfrac{1}{\omega_n^2}$

则方程(3.6-16)可变换为

$$(\lambda[I] - [D][M])\{u\} = \{0\} \quad (3.6\text{-}17)$$

要使$\{u\}$有非零解,则系数矩阵的行列式要等于零,即

$$|\lambda[I] - [D][M]| = 0 \quad (3.6\text{-}18)$$

这就是系统的特征方程或频率方程。解方程(3.6-18)可得系统的两个固有频率ω_{n1}和ω_{n2}。把ω_{n1}和ω_{n2}分别代入方程(3.6-17),可得振型向量$\{u\}_1$和$\{u\}_2$。由此得运动方程的通解为

$$\{x(t)\} = \begin{Bmatrix} x_1(t) \\ x_2(t) \end{Bmatrix}$$
$$= A_1\{u\}_1\sin(\omega_{n1}t + \psi_1) + A_2\{u\}_2\sin(\omega_{n2}t + \psi_2)$$
$$(3.6\text{-}19)$$

待定常数A_1和A_2,ψ_1和ψ_2由初始条件确定。

2.强迫振动

系统的运动方程为

$$[D][M]\{\ddot{x}\} + \{x\} = [D]\{F(t)\} \quad (3.6\text{-}20)$$

在简谐激励力作用下,方程为

$$[D][M]\{\ddot{x}\} + \{x\} = [D]\{F\}\sin\omega t \quad (3.6\text{-}21)$$

由复指数法可解得复振幅

$$\{\overline{X}\} = ([I] - \omega^2[D][M])^{-1}[D]\{F\} \quad (3.6\text{-}22)$$

因而系统的稳态响应为

$$\{x(t)\} = \{X\}\sin\omega t \quad (3.6\text{-}23)$$

例 2 一个长为l的悬臂梁,在自由端带有半径$R = l/4$、质量

为 m 的圆盘(图 3.6-5)。略去梁的质量和盘的长度,梁的弯曲刚度为 EI。试确定系统的固有频率。

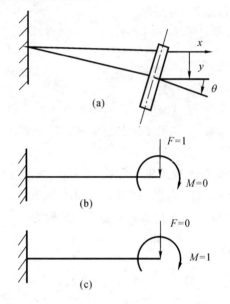

(a)

(b)

(c)

图 3.6-5

解 由于圆盘有相当的尺寸,不仅有垂直方向的位移,转角的影响也必须考虑。选取坐标为 y 和 θ。由图 3.6-4(b) 得

$$d_{11} = \frac{l^3}{3EI},\ d_{21} = \frac{l^2}{2EI}$$

由图 3.6-4(c) 得

$$d_{12} = \frac{l^2}{2EI},\ d_{22} = \frac{l}{EI}$$

故系统的运动方程为

$$\begin{bmatrix} \dfrac{l^3}{3EI} & \dfrac{l^2}{2EI} \\[2mm] \dfrac{l^2}{2EI} & \dfrac{l}{EI} \end{bmatrix} \begin{pmatrix} m & 0 \\ 0 & J \end{pmatrix} \begin{Bmatrix} \ddot{y} \\ \ddot{\theta} \end{Bmatrix} + \begin{Bmatrix} y \\ \theta \end{Bmatrix} = \begin{Bmatrix} 0 \\ 0 \end{Bmatrix}$$

式中 J 为圆盘绕法向于运动平面的轴的转动惯量。系统的特征方程为

$$\begin{vmatrix} 1 - \omega_n^2 \dfrac{ml^3}{3EI} & - \omega_n^2 \dfrac{Jl^2}{2EI} \\ - \omega_n^2 \dfrac{ml^2}{2EI} & 1 - \omega_n^2 \dfrac{Jl}{EI} \end{vmatrix} = 0$$

由此可得系统的两个固有频率

$$\omega_{n1} = \sqrt{\dfrac{2.9EI}{ml^3}}, \ \omega_{n2} = \sqrt{\dfrac{265.1EI}{ml^3}}$$

3-1 一辆汽车重 17640N,拉着一个重 15092N 的拖车。若挂钩的弹簧常数为 171500N/m。试确定系统的固有频率和模态向量。

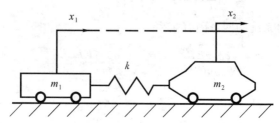

图题 3-1

答案:$\omega_{n1} = 0;\omega_{n2} = 14.38$;

$\quad\quad \{u\}_1 = \begin{bmatrix} 1 & 1 \end{bmatrix}^{\mathrm{T}};\{u\}_2 = \begin{bmatrix} 1 & -0.856 \end{bmatrix}^{\mathrm{T}}$

3-2 一个电动机带动一台油泵。电动机转子的转动惯量为 J_1,油泵的转动惯量为 J_2,它们通过两个轴的端部连接起来。试确定系统的运动微分方程、频率方程、固有频率和模态向量。

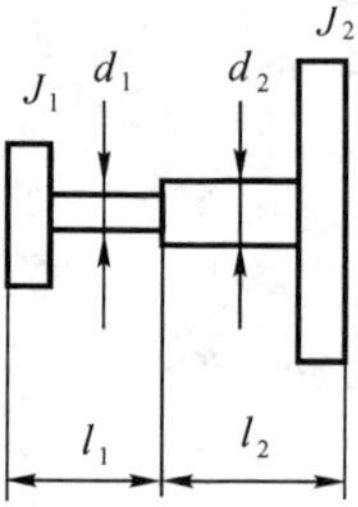

答案:$\omega_{n1} = 0$;

$$\omega_{n2} = d_1^2 \cdot d_2^2 \sqrt{\frac{G\pi(J_1 + J_2)}{32 J_1 J_2 (d_1^4 l_2 + d_2^4 l_1)}};$$

$\{u\}_1 = \begin{bmatrix} 1 & 1 \end{bmatrix}^{\mathrm{T}};\{u\}_2 = \begin{bmatrix} 1 & -J_1/J_2 \end{bmatrix}^{\mathrm{T}}$

图题 3-2

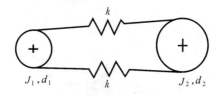

图题 3-3

3-3 试确定图题 3-3 所示皮带传动系统的固有频率和特征向量。两皮带轮的转动惯量分别为 J_1 和 J_2,直径分别为 d_1 和 d_2。

答案：$\omega_{n1} = 0$，$\{u\}_1 = \begin{bmatrix} 1 & r_1/r_2 \end{bmatrix}^{\mathrm{T}}$，刚体运动；

$$\omega_{n2} = \sqrt{2k\left(\frac{r_1^2}{J_1} + \frac{r_2^2}{J_2}\right)}, \{u\}_2 = \begin{bmatrix} 1 & d_2 J_1/d_1 J_2 \end{bmatrix}^{\mathrm{T}}.$$

3-4　写出图题 3-4 的运动方程及频率方程，设静止时，钢绳 k_1 为水平，起重臂与铅垂线成 θ_0 角，机体可视为刚体。

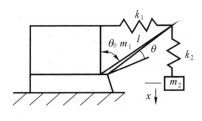

图题 3-4

答案：$\begin{bmatrix} \dfrac{m_1 l^2}{3} & 0 \\ 0 & m_2 \end{bmatrix} \begin{Bmatrix} \ddot{\theta} \\ \ddot{x} \end{Bmatrix} +$

$\begin{bmatrix} k_1 l^2\cos^2\theta_0 + k_2 l^2\sin^2\theta_0 & -k_2 l\sin\theta_0 \\ -k_2 l\sin\theta_0 & k_2 \end{bmatrix} \begin{Bmatrix} \theta \\ x \end{Bmatrix} = \begin{Bmatrix} 0 \\ 0 \end{Bmatrix}$

$$\omega_n^4 - \left[\frac{k_2}{m_2} + \frac{3}{m_1}(k_1\cos^2\theta_0 + k_2\sin^2\theta_0)\right]\omega_n^2 + \frac{3k_1 k_2}{m_1 m_2}\cos^2\theta_0 = 0$$

3-5　解定图题 3-5 系统的固有频率，假设两圆盘直径相等。

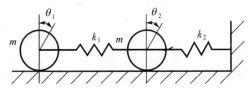

图题 3-5

答案：$\omega_{n1,2}^2 = \left(a + \dfrac{b}{2}\right) \pm \sqrt{a^2 + \dfrac{b^2}{4}}$

式中 $a = \dfrac{k_1 r^2}{\dfrac{m}{r^2} + mr^2}$，$b = \dfrac{k_2 r^2}{\dfrac{m}{r^2} + mr^2}$

3-6　试确定图题 3-6 系统的固有频率，略去滑轮重量。

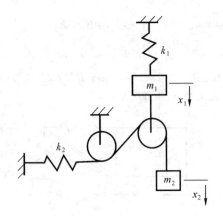

图题 3-6

答案：$\omega_n^4 - \left[\dfrac{k_1}{m_1} - \dfrac{k_2}{m_1} - \dfrac{k_2}{2m_2} \right]\omega_n^2 + \dfrac{k_1 k_2}{2m_1 m_2} = 0$

3-7 如图题 3-7 所示的行车，梁的弯曲截面矩 $I_1 = 10^5 \text{cm}^4$，$E =$

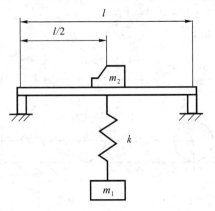

图题 3-7

210GN/m^2，$L = 45\text{m}$。小车 m_2 重 11760N，另挂一重量 m_1，其重量为 49000N。钢丝绳弹簧常数 $k = 343000\text{N/m}$，试确定系统的固有频率和振型比。

答案：$\omega_{n1} = 3.75$；$\omega_{n2} = 20.65$；

$r_1 = 0.798$；$r_2 = -5.22$。

3-8 在如图题3-8的齿轮传动中,轴1的直径为2.5cm,长50cm。轴2的

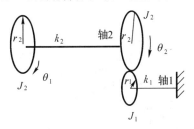

图题 3-8

直径为2cm,长60cm。齿轮J_1的重量为19.6N,齿轮J_2的重量为49N。齿轮的惯性半径分别为$\bar{r}_1 = 5\text{cm}$, $\bar{r}_2 = 10\text{cm}$,而半径为$r_1 = 7.5\text{cm}$, $r_2 = 15\text{cm}$,若$G = 9.8\text{GN/m}^2$,试确定扭转固有频率。

答案:$\omega_{n1} = 217$; $\omega_{n2} = 686$。

3-9 一建筑物,对于水平地震来说可简化为如图题3-9所示的模型。若建筑物的重量为$2254 \times 10^3\text{N}$,高25m,转动惯量$J = 686 \times 10^4\text{kg} \cdot \text{m}^2$,土壤水平刚度系数$k = 735000\text{N/m}$,扭转刚度系数$k_0 = 3381 \times 10^3\text{N} \cdot \text{m/rad}$,试确定建筑物的固有频率和振型比。(不计建筑重力作用)

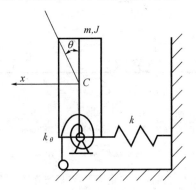

图题 3-9

答案:$\omega_{n1} = 0.557$; $\omega_{n2} = 2.25$; $r_1 = 0.00072$; $r_2 = -0.000467$

3-10 求图题3-10所示弹簧—质量系统在x-y平面内自由振动的固有频率及模态向量。设$\theta = 90°$,质量m的重力作用略去不计。

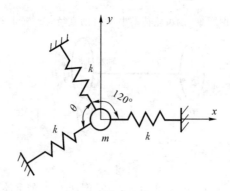

图题 3-10

答案:$\omega_{n1} = \sqrt{k/m}$;$\omega_{n2} = \sqrt{2k/m}$;

$\{u\}_1 = \begin{bmatrix} 0 & 1 \end{bmatrix}^{\mathrm{T}}$;$\{u\}_2 = \begin{bmatrix} 1 & 0 \end{bmatrix}^{\mathrm{T}}$。

3-11 图题 3-11 所示的弹簧 — 质量系统在光滑水平面上自由振动。若运动的初始条件为 $t = 0$ 时,初始位移为 $x_{10} = 5\mathrm{mm}$,$x_{20} = 5\mathrm{mm}$;初始速度为 $\dot{x}_{10} = 0$,$\dot{x}_{20} = 0$。试求系统的响应。

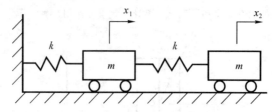

图题 3-11

答案:$x_1 = 3.618\cos(0.618\sqrt{k/mt}) + 1.382\cos(1.618\sqrt{k/mt})$,

$x_2 = 5.854\cos(0.618\sqrt{k/mt}) - 0.854\cos(1.618\sqrt{k/mt})$。

3-12 一重块 W_2 自高 h 处自由落下,然后与弹簧 — 质量系统 k_2-$\dfrac{W_1}{g}$-k_1 一起作自由振动,如图题 3-12 所示,试求其响应。已知 $W_1 = W_2 = W$,$k_1 = k_2 = k$,$h = 100W/k$。

答案:$x_1 = W/k[10.3\sin(\omega_{n1}t + \psi_1)$

$+ 3.913\sin(\omega_{n2}t + \psi_2)]$,

$$x_2 = W/k[16.67\sin(\omega_{n1}t + \psi_1)$$
$$- 2.418\sin(\omega_{n2}t + \psi_2)];$$

$$\omega_{n1} = 0.618\sqrt{kg/W},$$

$$\omega_{n2} = 1.618\sqrt{kg/W},$$

$$\psi_1 = -6°31'37'',$$

$$\psi_2 = -2°30'10''。$$

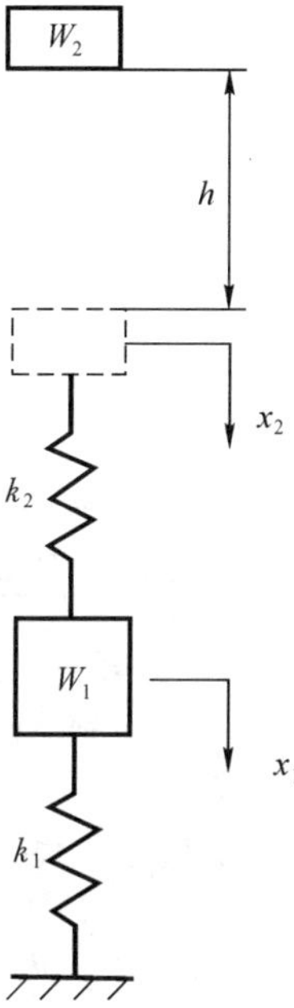

3-13 两个质量块 m_1 与 m_2 用一根弹簧 k 相连，m_1 的上端用绳子栓住，放在一个与水平成 α 角的光滑斜面上，如图题 3-13 所示。若 $t = 0$ 时绳子突然被割断，则两质量块将沿斜面下滑。试求在时刻 t 两质量块的位置。

答案：$x_1 = \left[\dfrac{m_2^2}{k(m_1 + m_2)} + \dfrac{t^2}{2}\right.$

$$\left. - \dfrac{m_2^2\cos\omega_{n2}t}{k(m_1 + m_2)}\right]g\sin\alpha,$$

$$x_2 = \left[\dfrac{m_2^2}{k(m_1 + m_2)} + \dfrac{t^2}{2}\right.$$

$$\left. + \dfrac{m_1 m_2\cos\omega_{n2}t}{k(m_1 + m_2)}\right]g\sin\alpha;$$

$$\omega_{n1} = 0,\ \omega_{n2} = \sqrt{k\left(\dfrac{1}{m_1} + \dfrac{1}{m_2}\right)}。$$

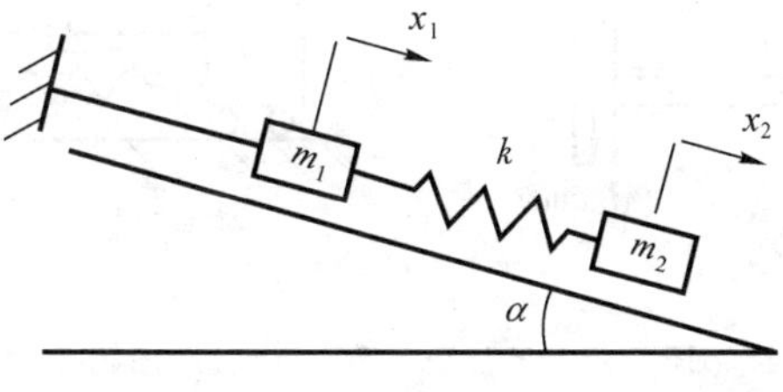

图题 3-12

图题 3-13

3-14 一卡车简化成 m_1-k-m_2 系统，如图题 3-14 所示。停放在地上时受到后面以等速 v 驰来的另一辆车 m 的撞击。设撞击后，车辆 m 可视为不动，卡车车轮的质量忽略不计，地面视为光滑，试求撞击后卡车的响应。

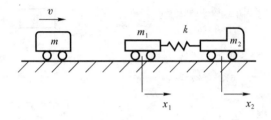

图题 3-14

答案：$x_1 = \dfrac{mv}{m_1 + m_2}\left(t - \dfrac{1}{r\omega_n}\sin\omega_n t\right)$，$x_2 = \dfrac{mv}{m_1 + m_2}\left(t - \dfrac{1}{\omega_n}\sin\omega_n t\right)$；

$\omega_n = \sqrt{\dfrac{k(m_1 + m_2)}{m_1 m_2}}$，$r = -\dfrac{m_1}{m_2}$。

3-15 一轴盘扭振系统，受简谐力矩 $M_1\sin\omega t$ 与 $M_2\sin\omega t$ 作用，如图题 3-15 所示。试分别计算下列三种情况下系统的振幅：

1）$M_1 = M_0, M_2 = 0$；2）$M_1 = M_2 = M_0$；3）$M_1 = -M_2 = M_0$。

答案：1）$\bar\theta_1 = \dfrac{M_0}{2}\left(\dfrac{1}{J\omega^2} - \dfrac{1}{2k - J\omega^2}\right)$，$\bar\theta_2 = \dfrac{M_0}{2}\left(\dfrac{1}{J\omega^2} + \dfrac{1}{2k - J\omega^2}\right)$；

2）$\bar\theta_1 = \bar\theta_2 = -\dfrac{M_0}{J\omega^2}$，

3）$\bar\theta_1 = -\bar\theta_2 = \dfrac{M_0}{2k - J\omega^2}$。

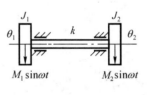

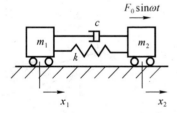

图题 3-15   图题 3-16

3-16 如图题 3-16 所示系统，设 $m_1 = m_2 = m$。试求其强迫振动的稳态响应。

答案：$\bar X_1 = \dfrac{-\left[k(2k - \omega^2 m) + 2\omega^2 c^2\right] + j\omega^3 mc}{\omega^2 m\left[(2k - \omega^2 m)^2 + 4\omega^2 c^2\right]}F_0$，

$\bar X_2 = \dfrac{-\left[(k - \omega^2 m)(2k - \omega^2 m) + 2\omega^2 c^2\right] + j\omega^3 mc}{\omega^2 m\left[2k - \omega^2 m^2)^2 + 4\omega^2 c^2\right]}$

3-17   试求图题 3-17 所示系统强迫振动的稳态响应。

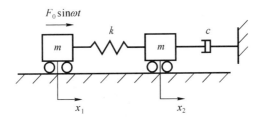

图题 3-17

答案：$\overline{X}_1 = \dfrac{(k - \omega^2 m) + \mathrm{j}\omega c}{\omega^4 m^2 - 2\omega^2 km + \mathrm{j}\omega c(k - \omega^2 m)} F_0$

$\overline{X}_2 = \dfrac{k}{\omega^4 m^2 - 2\omega^2 km + \mathrm{j}\omega c(k - \omega^2 m)} F$

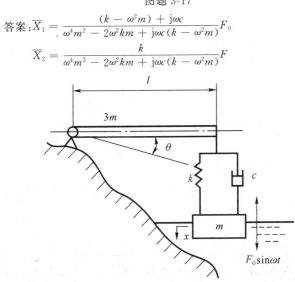

图题 3-18

3-18   如图题 3-18 所示，一刚性跳板，质量为 $3m$，长 l，左端以铰链支承于地面，右端通过支架支承于浮船上，支架的弹簧常数为 k，阻尼系数为 c，浮船质量为 m。如果水浪引起一 $F = F_0\sin\omega t$ 的激励力作用于浮船上。试求跳板的最大摆动角度 $\Theta_{\max}$。

答案：$\Theta_{\max} = |\overline{\Theta}| = \dfrac{F_0}{\omega^2 ml} \sqrt{\dfrac{k^2 + \omega^2 c}{(2k - \omega^2 m)^2 + (2\omega c)^2}}$。

3-19　试求图题 3-19 所示系统在两简谐激励力作用下强迫振动的振幅。

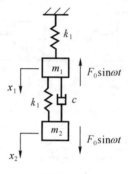

图题 3-19

答案：

$$X_1 = |\overline{X}_1|$$

$$= \frac{\omega^2 m_2 F_0}{\sqrt{[(k_1 - \omega^2 m_1)(k_2 - \omega^2 m_2) - \omega^2 k_2 m_2]^2 + \omega^2 c^2 [k_1 - \omega^2 (m_1 + m_2)]^2}}$$

$$X_2 = |\overline{X}_2|$$

$$= \frac{(k_1 - \omega^2 m_1)F_0}{\sqrt{[(k_1 - \omega^2 m_1)(k_2 - \omega^2 m_2) - \omega^2 k_2 m_2]^2 + \omega^2 c^2 [k_1 - \omega^2 (m_1 + m_2)]^2}}。$$

3-20　对图题 3-20 所示的两自由度系统,根据刚度影响系数的定义,试确定其刚度矩阵。按矩阵形式写出运动方程。

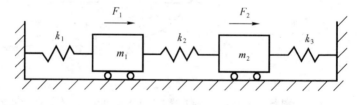

图题 3-20

3-21　根据刚度影响系数的定义,试确定图题 3-21 系统的刚度矩阵,并列出运动方程。

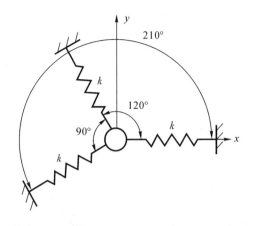

图题 3-21

答案：$\begin{bmatrix} m & 0 \\ 0 & m \end{bmatrix} \begin{Bmatrix} \ddot{x} \\ \ddot{y} \end{Bmatrix} + \begin{bmatrix} 2k & 0 \\ 0 & k \end{bmatrix} \begin{Bmatrix} x \\ y \end{Bmatrix} = \begin{Bmatrix} 0 \\ 0 \end{Bmatrix}$。

3-22　根据刚度影响系数的定义，试确定图题 3-22 系统的刚度矩阵（弯曲刚度为 EI），并写出运动方程。

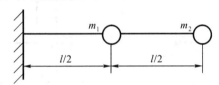

图题 3-22

3-23　图题 3-23 中所示的简支梁，弯曲刚度为 EI，试确定系统的柔度矩阵，并写出运动方程。

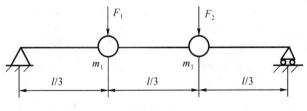

图题 3-23

答案:$\left\{ \begin{matrix} x_1 \\ x_2 \end{matrix} \right\} = \dfrac{l^3}{486EI} \begin{bmatrix} 8 & 7 \\ 7 & 8 \end{bmatrix} \left(\left[\begin{matrix} F_1 \\ F_2 \end{matrix} \right] - \left[\begin{matrix} m_1 & 0 \\ 0 & m_2 \end{matrix} \right] \left\{ \begin{matrix} \ddot{x}_1 \\ \ddot{x}_2 \end{matrix} \right\} \right)$

3-24 图题 3-24 所示的简支梁,弯曲刚度为 EI。试确定系统的柔度矩阵,并写出系统的运动方程。

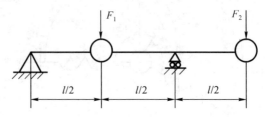

图题 3-24

3-25 试列出习题 3-20 的柔度矩阵,并用刚度矩阵校核,写出系统运动方程。

3-26 图题 3-26 所示的系统,以 $\varPhi_0$ 的角速度旋转。试确定,当轴突然在 A 点和 B 点处停止时所产生的自由振动。

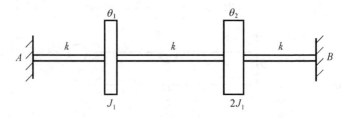

图题 3-26

答案:$\theta_1 = (0.991\sin\omega_{n1}t + 0.137\sin\omega_{n2}t)\varPhi_0 \sqrt{J_1/k}$,

$\theta_2 = (1.352\sin\omega_{n1}t - 0.0502\sin\omega_{n2}t)\varPhi_0 \sqrt{J_1/k}$;

$\omega_{n1}^2 = 0.634k/J_1, \omega_{n2}^2 = 2.366k/J_1$。

3-27 对于习题 3-20,设 $m_1 = m_2 = m, k_1 = k_2 = k_3 = k$,试确定其固有频率、振型比。当初始条件为 $x_{10} = x_{20} = \Delta, \dot{x}_{10} = \dot{x}_{20} = 0$ 时,计算其自由振动。

3-28 计算习题 3-21 的固有频率和振型比,并确定对于初始条件 $x_0 = \Delta; y_0 = 0, \dot{x}_0 = \dot{y}_0 = 0$ 的自由振动。

3-29 对于习题 3-23 的系统,假定 $m_1 = m_2 = m$,确定其固有频率和振型比。假定该梁从高度 h 处落到其支承上,此后由支承支持着。试确定此初始条件引起的自由振动。

3-30 一个半确定系统冲击一个停止器,如图题 3-30 所示。假定是恒速运动,速度为 v_0,弹簧无初始应力,$m_1 = m_2 = m$,$k_1 = 2k$,试确定传给停止器基础的最大力。

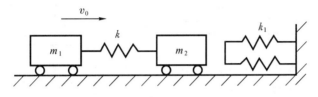

图题 3-30

3-31 试确定图题 3-31 所示系统的稳态响应。

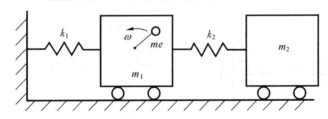

图题 3-31

答案:$x_1 = \dfrac{(k_2 - \omega^2 m_2)me\omega^2}{m_1 m_2(\omega^2 - \omega_{n1}^2)(\omega^2 - \omega_{n2}^2)}\cos\omega t$

$x_2 = \dfrac{k_2 me\omega^2}{m_1 m_2(\omega^2 - \omega_{n1}^2)(\omega^2 - \omega_{n2}^2)}\cos\omega t$

3-32 确定图题 3-32 所示系统的稳态响应。假定 $T(t) = T\sin\omega t$。

3-33 一个扭矩 $T\sin\omega t$ 加到图题 3-33 的系统上。$J_1 = 0.05 \text{kg} \cdot \text{m} \cdot \text{s}^2$,$k_1 = 50 \times 10^3 \text{kg} \cdot \text{m/rad}$,$T = 22.5 \text{kg} \cdot \text{m}$,$\omega = 10^3 \text{rad/s}$。如果要使系统的共振频率与激励频率相差 20%,试确定吸振器的参数 J_2 和 k_2。

3-34 对于图题 3-34 所示的半确定系统,当受到初始条件

1) $\{\theta(0)\} = [\theta_{10} \quad \theta_{20}]^T$

$\{\dot{\theta}(0)\} = [0 \quad 0]^T$

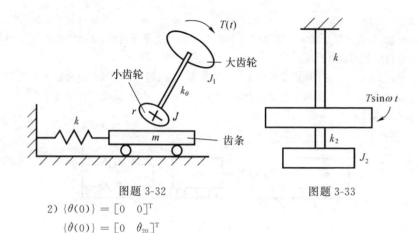

图题 3-32

图题 3-33

2) $\{\theta(0)\} = \begin{bmatrix} 0 & 0 \end{bmatrix}^{\mathrm{T}}$

$\{\dot{\theta}(0)\} = \begin{bmatrix} 0 & \theta_{20} \end{bmatrix}^{\mathrm{T}}$

的作用,试确定其自由振动。

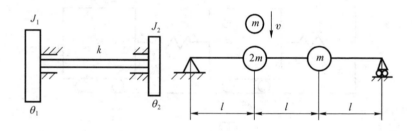

图题 3-34

图题 3-35

3-35 一个质量 m 以速度 v 冲击质量 $2m$,并粘附在其上。试确定所引起的系统运动(图题 3-35)。

第四章

多自由度系统

有许多机械系统,根据其工作状况,简化成一个单自由度或两自由度系统的理论模型,已经满足对其动态特性进行分析的要求。还有许多机械系统,结构复杂,根据其工作状况,还必须作更详细的分析。事实上,所有机械系统都是由具有分布参数的元件所组成,严格地说,都是一个无限多自由度的系统(或连续系统,分布参数系统)。在许多情况下,质量、弹性和阻尼的分布是很不均匀的。比如,有些元件或元件的某些部分有着很大的质量,且十分刚强,而有些元件或部分具有较少的质量且比较柔软。根据结构特点和分析要求,把有些元件或其部分简化成质量,而把有些元件或其部分简化成弹簧,用有限个质量、弹簧和阻尼去形成一个离散的、有限多的集中参数系统,这样就得到一个简化的模型。显然,不同的情况有不同的模型,但都属于多自由度系统。

多自由度系统是对连续系统在空间上的离散化和逼近。由于电子计算机的广泛应用,有限元分析和实验模态分析技术的发展,多自由度系统的理论和分析方法显得十分重要。通过对多自由度系统的讨论,将使我们进一步掌握机械结构动力学的一般理论和方法,去解决复杂的实际问题。

第一节　Lagrange 方程

对于许多复杂的机械系统,利用 Lagrange 方程去建立系统的运动方程常常是十分有效的。

Lagrange 方程的一般形式可表示为

$$\frac{\mathrm{d}}{\mathrm{d}t}\left(\frac{\partial T}{\partial \dot{q}_i}\right) - \frac{\partial T}{\partial q_i} + \frac{\partial D}{\partial \dot{q}_i} + \frac{\partial U}{\partial q_i} = F_i$$

$$i = 1, 2, \cdots, n \tag{4.1-1}$$

式中 q_i 是广义坐标,对于 n 自由度系统有 n 个广义坐标。F_i 沿广义坐标 q_i 方向作用的广义力(力矩)。T 是系统的动能函数,U 是系统的势能函数,D 是系统的散逸函数(对于粘性阻尼)。

系统的势能只是坐标的函数,有

$$U = U(q_1, q_2, \cdots, q_n) \tag{4.1-2}$$

对于线性系统,我们研究系统在平衡位置近旁的微幅振动。取静平衡位置作为坐标原点,令 $\{q\} = \{0\}$,$\{q\}$ 为广义坐标向量,表示静平衡位置。把势能函数在系统平衡位置近旁展为 Taylor 级数,有

$$U = U_0 + \sum_{i=1}^{n}\left(\frac{\partial U}{\partial q_i}\right)_0 q_i + \frac{1}{2}\sum_{i=1}^{n}\sum_{j=1}^{j}\left(\frac{\partial^2 U}{\partial q_i \partial q_j}\right)_0 q_i q_j + \cdots$$

$$\tag{4.1-3}$$

式中 $U_0 = U(0, 0, \cdots, 0)$,为势能在平衡位置处的大小,$(\cdot)_0$ 表示 "$\cdot$" 在平衡位置处的值。如果势能从该平衡位置算起,则 $U_0 = 0$,$(\partial U/\partial q_i)_0 = 0$。略去高阶项,得

$$U = \frac{1}{2}\sum_{i=1}^{n}\sum_{j=1}^{n}\left(\frac{\partial^2 U}{\partial q_i \partial q_j}\right)_0 q_i q_j = \frac{1}{2}\sum_{i=1}^{n}\sum_{j=1}^{n} k_{ij} q_i q_j \tag{4.1-4}$$

或

$$U = \frac{1}{2}\{q\}^T[K]\{q\} \tag{4.1-5}$$

式中 k_{ij} 是常数,叫做刚度影响系数。刚度矩阵 $[K]$ 是实对称矩阵,对于实际机械系统通常是正定的或半正定的。半正定性发生在有刚体自由度的悬浮结构(比如,飞机、船舶等)场合。

对于线性系统,系统的动能可表示为

$$T = \frac{1}{2} \sum_{i=1}^{n} \sum_{j=1}^{n} m_{ij} \dot{q}_i \dot{q}_j \qquad (4.1\text{-}6)$$

或

$$T = \frac{1}{2} \{\dot{q}\}^T [M] \{\dot{q}\} \qquad (4.1\text{-}7)$$

式中 m_{ij} 是广义质量。质量矩阵 $[M]$ 是实对称矩阵,通常是正定矩阵,只有当系统中存在着无惯性自由度时,才会出现半正定的情况。$\{\dot{q}\}$ 为广义速度向量。

对于线性系统,粘性阻尼的散逸函数为

$$D = \frac{1}{2} \sum_{i=1}^{n} \sum_{j=1}^{n} c_{ij} \dot{q}_i \dot{q}_j \qquad (4.1\text{-}8)$$

或

$$D = \frac{1}{2} \{\dot{q}\}^T [C] \{\dot{q}\} \qquad (4.1\text{-}9)$$

式中 c_{ij} 是阻尼影响系数,阻尼矩阵是实对称矩阵,通常是正定的或半正定的。

列出了系统的势能、动能和散逸函数后,由 Lagrange 方程可得到 n 自由度系统的运动方程

$$[M]\{\ddot{q}\} + [C]\{\dot{q}\} + [K]\{q\} = \{F(t)\} \qquad (4.1\text{-}10)$$

式中 $[M]$,$[K]$ 和 $[C]$ 是 $n \times n$ 矩阵,$\{\ddot{q}\}$,$\{\dot{q}\}$,$\{q\}$ 和 $\{F(t)\}$ 是 $n \times 1$ 向量。方程(4.1-10)是由 n 个系数二阶常微分方程组成的方程组。

例 确定图 4.1-1 系统的运动方程。

解 选用广义坐标 x 和 θ。系统的动能和势能为

$$T = \frac{1}{2} M \dot{x}^2 + \frac{1}{2} m \left[(\dot{x} + l\dot{\theta}\cos\theta)^2 + l^2\dot{\theta}^2\sin^2\theta \right]$$

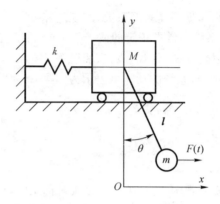

图 4.1-1

$$= \frac{1}{2}(M + m)\dot{x}^2 + ml\dot{x}\dot{\theta}\cos\theta + \frac{1}{2}ml^2\dot{\theta}^2$$

$$U = \frac{1}{2}kx^2 + mgl(1 - \cos\theta)$$

对于线性系统,运动是微幅的,$\sin\theta \simeq \theta$,$\cos\theta \simeq 1 - \theta^2/2$。代入动能和势能方程,有

$$T = \frac{1}{2}\begin{Bmatrix} \dot{x} \\ \theta \end{Bmatrix}^{\mathrm{T}} \begin{bmatrix} M + m & ml \\ ml & ml^2 \end{bmatrix} \begin{Bmatrix} \dot{x} \\ \dot{\theta} \end{Bmatrix}$$

$$U = \frac{1}{2}\begin{Bmatrix} x \\ \theta \end{Bmatrix}^{\mathrm{T}} \begin{bmatrix} k & 0 \\ 0 & mgl \end{bmatrix} \begin{Bmatrix} x \\ \theta \end{Bmatrix}$$

作用于系统的广义力沿 x 方向为 $F(t)$,沿 θ 方向为 $F(t)l$。由 Lagrange 方程可得系统的运动方程

$$\begin{bmatrix} M + m & ml \\ ml & ml^2 \end{bmatrix} \begin{Bmatrix} \ddot{x} \\ \ddot{\theta} \end{Bmatrix} + \begin{bmatrix} k & 0 \\ 0 & mgl \end{bmatrix} \begin{Bmatrix} x \\ \theta \end{Bmatrix} = \begin{Bmatrix} F(t) \\ F(t)l \end{Bmatrix}$$

第二节　无阻尼自由振动和特征值问题

n 自由度无阻尼系统自由振动的运动方程为

$$[M]\{\ddot{q}\} + [K]\{q\} = \{0\} \tag{4.2-1}$$

它表示由下面 n 个齐次微分方程组成的方程组

$$\sum_{j=1}^{n} m_{ij}\ddot{q}_j + \sum_{j=1}^{n} k_{ij}q_j = 0 \quad i = 1,2,\cdots,n \tag{4.2-2}$$

和两自由度系统一样,我们关心的是方程(4.2-2)具有这样的解:所有坐标 $q_j(j = 1,2,\cdots,n)$ 的运动有着相同的随时间变化规律,即,有着相同的时间函数。令

$$q_j(t) = u_j f(t) \quad j = 1,2,\cdots,n \tag{4.2-3}$$

$f(t)$ 是实时间函数,对所有的 q_j 都是相同的, $u_j(j = 1,2,\cdots,n)$ 是一组常数,表示不同坐标运动的大小。把(4.2-3)代入方程(4.2-2),得

$$\ddot{f}(t)\sum_{j=1}^{n} m_{ij}u_j + f(t)\sum_{j=1}^{n} k_{ij}u_j = 0 \quad i = 1,2,\cdots,n \tag{4.2-4}$$

方程(4.2-4)可表示为

$$-\frac{\ddot{f}(t)}{f(t)} = \frac{\displaystyle\sum_{j=1}^{n} k_{ij}u_j}{\displaystyle\sum_{j=1}^{n} m_{ij}u_i} \quad i = 1,2,\cdots,n \tag{4.2-5}$$

方程表明,时间函数和空间函数是可以分离的,方程左边与下标 i 无关,方程右边与时间无关。因此,其比值一定是一个常数。$f(t)$ 是时间的实函数,比值一定是一个实数,假定为 λ,有

$$\ddot{f}(t) + \lambda f(t) = 0 \tag{4.2-6}$$

$$\sum_{j=1}^{n} (k_{ij} - \lambda m_{ij})u_j = 0 \quad i = 1,2,\cdots,n \tag{4.2-7}$$

方程(4.2-6)解的形式已在第三章"无阻尼自由振动"一节中讨论过,为

$$f(t) = A\sin(\omega_n t + \psi) \tag{4.2-8}$$

A 为任意常数,ω_n 为简谐振动的频率,且 $\lambda = \omega_n^2$,ψ 为初相角,对于所有坐标 $q_j(j = 1,2,\cdots,n)$ 是相同的。

方程(4.2-7)是以 $\lambda = \omega_n^2$ 为参数,以 $u_j(j = 1, 2, \cdots, n)$ 为未知数的 n 个齐次代数方程。不是任意的 ω_n 都能使方程(4.2-1)的解(4.2-3)成立,而只有一组由方程(4.2-7)确定的 n 个值才满足解的要求。由方程(4.2-7)确定 λ,即 ω_n^2 和相关常数 u_j 的非零解问题,叫做系统的特征值或固有值问题。把方程(4.2-7)写成矩阵形式,为

$$[K]\{u\} - \lambda[M]\{u\} = \{0\} \qquad (4.2\text{-}9)$$

式中 $\{u\} = [u_1 u_2 \cdots u_n]^T$。方程(4.2-9)也可表示为

$$([K] - \lambda[M])\{u\} = \{0\} \qquad (4.2\text{-}10)$$

或

$$[K]\{u\} = \lambda[M]\{u\} \qquad (4.2\text{-}11)$$

解方程(4.2-10)和(4.2-11)的问题叫做矩阵 $[M]$ 和 $[K]$ 的特征值问题。方程(4.2-10)或(4.2-11)有非零解,当且仅当其系数矩阵的行列式等于零。即

$$|[K] - \lambda[M]| = 0 \qquad (4.2\text{-}12)$$

行列式 $|[K] - \lambda[M]|$ 叫做系统的特征行列式。其展开式叫系统的特征多项式。方程(4.2-12)叫做系统的特征方程或频率方程,是 λ 或 ω_n^2 的 n 阶方程。通常,方程有 n 个不同的根,叫做特征值或固有值。有 $\lambda_1 < \lambda_2 < \cdots < \lambda_n$,或 $\omega_{n1}^2 < \omega_{n2}^2 < \cdots < \omega_{nn}^2$。方根值 $\omega_{n1} < \omega_{n2} < \cdots < \omega_{nn}$ 叫做系统的固有频率,由方程(4.2-12)可见,它只决定于系统的物理参数,是系统固有的。最低的固有频率 ω_{n1} 叫做系统的基频或第一阶固有频率,在许多实际问题中,它常常是最重要的一个。可以得出这样的结论,对于 n 个频率 $\omega_{nr}(r = 1, 2, \cdots, n)$,式(4.2-8)形的简谐运动才是可能的。对应于每个特征值 λ_r 或 $\omega_{nr}^2(r = 1, 2, \cdots, n)$ 的常数 $u_{jr}(j = 1, 2, \cdots, n; r = 1, 2, \cdots, n)$ 或 $\{u\}_r$,是特征值问题的解,即

$$([K] - \lambda_r[M])\{u\}_r = \{0\} \qquad r = 1, 2, \cdots, n \qquad (4.2\text{-}13)$$

$\{u\}_r(r = 1, 2, \cdots, n)$ 叫做特征向量、固有向量、振型向量或模态向

量。在物理上,它表示系统作 ω_{nr} 的简谐振动时,各广义坐标运动的大小,描述了振动的形状,所以也叫做固有振型。由于方程 (4.2-13) 的系数行列式等于零,方程是降阶的,只有 $n-1$ 个方程是独立的。因此,解方程 (4.2-13) 不可能得到 $u_{jr}(j=1,2,\cdots,n)$ 或 $\{u\}_r$ 的绝对值,只能确定其比值。对于第 r 个特征值 λ_r 方程 (4.2-13) 还可表示为

$$\sum_{j=1}^{h} k_{1j}u_{jr} - \lambda_r \sum_{j=1}^{n} m_{1j}u_{jr} = 0$$

$$\cdots\cdots$$

$$\sum_{j=1}^{n} k_{sj}u_{jr} - \lambda_r \sum_{j=1}^{n} m_{sj}u_{jr} = 0$$

$$\cdots\cdots$$

$$\sum_{j=1}^{n} k_{nj}u_{jr} - \lambda_r \sum_{j=1}^{n} m_{nj}u_{jr} = 0 \quad r=1,2,\cdots,n \quad (4.2\text{-}14)$$

改写为

$$\sum_{\substack{i=1\\j\neq s}}^{n} k_{1j}u_{jr} - \lambda_r \sum_{\substack{j=1\\j\neq s}}^{n} m_{1j}u_{jr} = (\lambda_r m_{1s} - k_{1s})u_{sr}$$

$$\cdots\cdots$$

$$\sum_{\substack{j=1\\j\neq s}}^{n} k_{sj}u_{jr} - \lambda_r \sum_{\substack{j=1\\j\neq s}}^{n} m_{sj}u_{jr} = (\lambda_r m_{ss} - k_{ss})u_{sr}$$

$$\cdots\cdots$$

$$\sum_{\substack{j=1\\j\neq s}}^{n} k_{nj}u_{jr} - \lambda_r \sum_{\substack{j=1\\j\neq s}}^{n} m_{nj}u_{jr} = (\lambda_r m_{ns} - k_{ns})u_{sr}$$

$$r=1,2,\cdots,n \quad (4.2\text{-}15)$$

因而有

$$\sum_{\substack{j=1\\j\neq s}}^{n} (k_{ij} - \lambda_r m_{ij}) \frac{u_{jr}}{u_{sr}} = \lambda_r m_{is} - k_{is}$$

$$i = 1,2,\cdots,n; r = 1,2,\cdots,n \qquad (4.2\text{-}16)$$

对于某个确定的 r,方程(4.2-16)是一个以 $\dfrac{u_{jr}}{u_{sr}}(j = 1,2,\cdots,s-1,$ $s+1,\cdots,n)$ 为变量的 n 个非齐次方程,取其中的 $n-1$ 个方程求解,就得到 $u_{jr}/u_{sr}(j = 1,2,\cdots,s-1,s+1,\cdots,n)$ 的值,是使第 s 个比值为 1 得到的,这些值是确定的。从而得到

$$\begin{bmatrix} \dfrac{u_{1r}}{u_{sr}} & \cdots & \dfrac{u_{s-1,r}}{u_{sr}} & 1 & \dfrac{u_{s+1,r}}{u_{sr}} & \cdots & \dfrac{u_{nr}}{u_{sr}} \end{bmatrix}^{\mathrm{T}}$$

它是以各元素的相对比值形式表示的特征向量 $\{u\}_r$。由于 $f(t)$ 是一个实时间函数,$\{u\}_r$ 为一实向量。

对于齐次方程(4.2-13),如果 $\{u\}_r$ 是方程的解,则 $\alpha_r\{u\}_r$ 也是方程的解,α_r 是任意常数。可以这样说,特征向量只有在任两个元素 u_{ir} 和 u_{jr} 之比是常数的意义上才是唯一的,其绝对值不是唯一的。即,当系统以 ω_{nr} 作简谐振动时,系统各坐标振动的形状是确定的、唯一的,而各坐标运动的实际大小 —— 振幅不是唯一的。$\{u\}_r(r = 1,2,\cdots,n)$ 决定于系统的物理参数,是系统所固有的。

根据式(4.2-3)和(4.2-8),方程(4.2-1)有 n 个特解

$$\{q(t)\}_r = A_r\{u\}_r\sin(\omega_{nr}t + \psi_r) \qquad r = 1,2,\cdots,n \qquad (4.2\text{-}17)$$

上式代表了系统的 n 个固有模态振动。方程的通解为

$$\{q(t)\} = \sum_{r=1}^{n}\{q(t)\}_r = \sum_{r=1}^{n}A_r\{u\}_r\sin(\omega_{nr}t + \psi_r)$$
$$= [u]\{A\sin(\omega_n t + \psi)\} \qquad (4.2\text{-}18)$$

式(4.2-18)表明,n 自由度无阻尼系统的自由振动是由 n 个以系统固有频率作简谐振动的运动的线性组合,是系统 n 个固有模态振动的线性组合。各振幅和初相角由初始条件确定。式中

$$[u] = [\{u\}_1\{u\}_2\cdots\{u\}_n] \qquad (4.2\text{-}19)$$

是一个 $n \times n$ 矩阵,叫做振型矩阵或模态矩阵。

例 1 确定图 4.2-1 系统的固有频率和特征向量,写出系统自

由振动的通解。

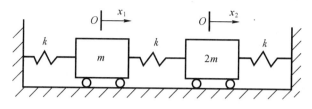

图 4.2-1

解　系统的运动方程为

$$\begin{bmatrix} m & 0 \\ 0 & 2m \end{bmatrix}\begin{Bmatrix} \ddot{x}_1 \\ \ddot{x}_2 \end{Bmatrix} + \begin{bmatrix} 2k & -k \\ -k & 2k \end{bmatrix}\begin{Bmatrix} x_1 \\ x_2 \end{Bmatrix} = \begin{Bmatrix} 0 \\ 0 \end{Bmatrix}$$

把质量矩阵和刚度矩阵代入方程(4.2-12),得系统的特征方程

$$\begin{vmatrix} 2k - \lambda m & -k \\ -k & 2k - 2\lambda m \end{vmatrix} = 2m^2\lambda^2 - 6km\lambda + 3k^2 = 0$$

令 $k/m = \Omega^2$,上式可改写为

$$\left(\frac{\lambda}{\Omega^2}\right)^2 - 3\left(\frac{\lambda}{\Omega^2}\right) + \frac{3}{2} = 0$$

解之,得

$$\frac{\lambda_1}{\Omega^2} = \frac{3}{2}\left(1 - \frac{1}{\sqrt{3}}\right), \quad \frac{\lambda_2}{\Omega^2} = \frac{3}{2}\left(1 + \frac{1}{\sqrt{3}}\right)$$

因此,系统的固有频率为

$$\omega_{n1} = \left[\frac{3}{2}\left(1 - \frac{1}{\sqrt{3}}\right)\right]^{\frac{1}{2}}\Omega = 0.796226\sqrt{\frac{k}{m}}$$

$$\omega_{n2} = \left[\frac{3}{2}\left(1 + \frac{1}{\sqrt{3}}\right)\right]^{\frac{1}{2}}\Omega = 1.538188\sqrt{\frac{k}{m}}$$

为了得到特征向量,由(4.2-13)可得

$$(k_{11} - \omega_{nr}^2 m_{11})u_{1r} + (k_{12} - \omega_{nr}^2 m_{12})u_{2r} = 0$$

$$(k_{21} - \omega_{nr}^2 m_{21})u_{1r} + (k_{22} - \omega_{nr}^2 m_{22})u_{2r} = 0 \qquad r = 1,2$$

把 ω_{n1} 和 ω_{n2} 分别代入,得

$$u_{21} = \left[2 - \left(\frac{\omega_{n1}}{\Omega} \right)^2 \right] u_{11} = 1.366025 u_{11}$$

即

$$\{u\}_1 = \left\{ \begin{matrix} 1 \\ 1.366025 \end{matrix} \right\}$$

同理得

$$\{u\}_2 = \left\{ \begin{matrix} 1 \\ -0.366025 \end{matrix} \right\}$$

根据方程(4.2-18),系统自由振动的通解为

$$\left\{ \begin{matrix} x_1(t) \\ x_2(t) \end{matrix} \right\} = A_1 \left\{ \begin{matrix} 1 \\ 1.366025 \end{matrix} \right\} \sin\left(0.796226 \sqrt{\frac{k}{m}} t + \psi_1\right)$$

$$+ A_2 \left\{ \begin{matrix} 1 \\ -0.366025 \end{matrix} \right\} \sin\left(1.538188 \sqrt{\frac{k}{m}} t + \psi_2\right)$$

例2 确定图 4.2-2 系统的固有频率和特征向量,列出系统自由振动的通解。

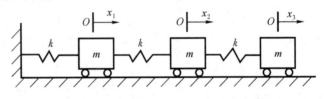

图 4.2-2

解 系统的运动方程为

$$\begin{bmatrix} m & 0 & 0 \\ 0 & m & 0 \\ 0 & 0 & m \end{bmatrix} \left\{ \begin{matrix} \ddot{x}_1 \\ \ddot{x}_2 \\ \ddot{x}_3 \end{matrix} \right\} + \begin{bmatrix} 2k & -k & 0 \\ -k & 2k & -k \\ 0 & -k & k \end{bmatrix} \begin{bmatrix} x_1 \\ x_2 \\ x_3 \end{bmatrix} = \begin{bmatrix} 0 \\ 0 \\ 0 \end{bmatrix}$$

可表为

$$\left\{ \begin{matrix} \ddot{x}_1 \\ \ddot{x}_2 \\ \ddot{x}_3 \end{matrix} \right\} + \frac{k}{m} \begin{bmatrix} 2 & -1 & 0 \\ -1 & 2 & -1 \\ 0 & -1 & 1 \end{bmatrix} \begin{bmatrix} x_1 \\ x_2 \\ x_3 \end{bmatrix} = \begin{bmatrix} 0 \\ 0 \\ 0 \end{bmatrix}$$

其特征方程为

$$\begin{vmatrix} \lambda - \dfrac{2k}{m} & \dfrac{k}{m} & 0 \\[3mm] \dfrac{k}{m} & \lambda - \dfrac{2k}{m} & \dfrac{k}{m} \\[3mm] 0 & \dfrac{k}{m} & \lambda - \dfrac{k}{m} \end{vmatrix} = 0$$

或

$$\lambda^3 - 5\frac{k}{m}\lambda^2 + 6\left(\frac{k}{m}\right)^2\lambda - \left(\frac{k}{m}\right)^3$$

$$= (\lambda - 0.198\frac{k}{m})(\lambda - 1.55\frac{k}{m})(\lambda - 3.25\frac{k}{m}) = 0$$

因而，系统的固有频率为

$$\omega_{n1} = \sqrt{\lambda_1} = \sqrt{0.198k/m}$$

$$\omega_{n2} = \sqrt{\lambda_2} = \sqrt{1.55k/m}$$

$$\omega_{n3} = \sqrt{\lambda_3} = \sqrt{3.25k/m}$$

为了确定系统的特征向量，由方程(4.2-10)得

$$(\lambda[I] - [H])\{u\} = \{0\}$$

式中$[H] = [M]^{-1}[K]$，叫做动力矩阵。令

$$[f(\lambda)] = (\lambda[I] - [H])$$

由

$$[f(\lambda)][f(\lambda)]^{-1} = [I]$$

有

$$[f(\lambda)]\frac{[F(\lambda)]}{|f(\lambda)|} = [I] \qquad (4.2\text{-}20)$$

式中$[F(\lambda)]$为矩阵$[f(\lambda)]$的伴随矩阵，$|f(\lambda)|$为$[f(\lambda)]$的行列式。由式(4.2-20)，得

$$[f(\lambda)][F(\lambda)] = |f(\lambda)|[I] \qquad (4.2\text{-}21)$$

当 $\lambda = \lambda_r$ 时,代入方程(4.2-21),有

$$[f(\lambda_r)][F(\lambda_r)] = |f(\lambda_r)|[I] = [0] \qquad (4.2\text{-}22)$$

将方程(4.2-22)与方程(4.2-13)相比较,可以得出结论,特征向量 $\{u\}_r$ 与伴随矩阵 $[F(\lambda_r)]$ 的任何非零列成比例。

由系统运动方程得

$$[f(\lambda)] = \begin{bmatrix} \lambda - \dfrac{2k}{m} & \dfrac{k}{m} & 0 \\[2mm] \dfrac{k}{m} & \lambda - \dfrac{2k}{m} & \dfrac{k}{m} \\[2mm] 0 & \dfrac{k}{m} & \lambda - \dfrac{k}{m} \end{bmatrix}$$

其伴随矩阵为

$[F(\lambda)]$

$$= \begin{bmatrix} (\lambda - \dfrac{k}{m})(\lambda - \dfrac{2k}{m}) - (\dfrac{k}{m})^2 & -\dfrac{k}{m}(\lambda - \dfrac{k}{m}) & (\dfrac{k}{m})^2 \\[3mm] -\dfrac{k}{m}(\lambda - \dfrac{k}{m}) & (\lambda - \dfrac{k}{m})(\lambda - \dfrac{2k}{m}) & -\dfrac{k}{m}(\lambda - \dfrac{2k}{m}) \\[3mm] (\dfrac{k}{m})^2 & -\dfrac{k}{m}(\lambda - \dfrac{2k}{m}) & (\lambda - \dfrac{2k}{m})^2 - (\dfrac{k}{m})^2 \end{bmatrix}$$

对于 $\lambda_1 = 0.198 \dfrac{k}{m}$,有

$$[F(\lambda_1)] = (\dfrac{k}{m})^2 \begin{bmatrix} 0.445 & 0.802 & 1.000 \\ 0.802 & 1.445 & 1.802 \\ 1.000 & 1.802 & 2.247 \end{bmatrix}$$

矩阵 $[F(\lambda_1)]$ 每一列各元之间的比值是相同的,可任取一列,比如第三列,有

$$\{u\}_1 = [1.000 \quad 1.802 \quad 2.247]^T$$

同理可得

$$\{u\}_2 = [1.000 \quad 0.445 \quad -0.802]^T$$

$$\{u\}_3 = [1.000 \quad -1.247 \quad 0.555]^T$$

系统自由振动的通解为

$$\begin{Bmatrix} x_1(t) \\ x_2(t) \\ x_3(t) \end{Bmatrix} = \begin{bmatrix} 1.000 & 1.000 & 1.000 \\ 1.802 & 0.445 & -1.247 \\ 2.247 & -0.802 & 0.555 \end{bmatrix} \begin{Bmatrix} A_1\sin(\omega_{n1}t + \psi_1) \\ A_2\sin(\omega_{n2}t + \psi_2) \\ A_3\sin(\omega_{n3}t + \psi_3) \end{Bmatrix}$$

第三节　　特征向量的正交性和主坐标

对于一个 n 自由度系统,其第 r 阶特征值 $\lambda_r = \omega_{nr}^2$ 对应的特征向量为 $\{u\}_r$,其第 s 阶特征值 $\lambda_s = \omega_{ns}^2$ 对应的特征向量为 $\{u\}_s$,它们都满足方程(4.2-10)或(4.2-11),因而有

$$[K]\{u\}_r = \omega_{nr}^2[M]\{u\}_r \tag{4.3-1}$$

$$[K]\{u\}_s = \omega_{ns}^2[M]\{u\}_s \tag{4.3-2}$$

方程(4.3-1)左乘以 $\{u\}_s^T$,方程(4.3-2)左乘以 $\{u\}_r^T$,得

$$\{u\}_s^T[K]\{u\}_r = \omega_{nr}^2\{u\}_s^T[M]\{u\}_r \tag{4.3-3}$$

$$\{u\}_r^T[K]\{u\}_s = \omega_{ns}^2\{u\}_r^T[M]\{u\}_s \tag{4.3-4}$$

然后,把方程(4.3-4)转置,由于矩阵 $[K]$ 和 $[M]$ 是对称矩阵,得

$$\{u\}_s^T[K]\{u\}_r = \omega_{ns}^2\{u\}_s^T[M]\{u\}_r \tag{4.3-5}$$

把方程(4.3-5)与方程(4.3-3)相减,得

$$(\omega_{nr}^2 - \omega_{ns}^2)\{u\}_s^T[M]\{u\}_r = 0 \tag{4.3-6}$$

由于 $\omega_{ns} \neq \omega_{nr}$,只有

$$\{u\}_s^T[M]\{u\}_r = 0 \quad r \neq s \tag{4.3-7}$$

同理可以得到

$$\{u\}_s^T[K]\{u\}_r = 0 \quad r \neq s \tag{4.3-8}$$

方程(4.3-7)和(4.3-8)表示了系统特征向量的正交关系,是对质量矩阵 $[M]$,刚度矩阵 $[K]$ 加权正交。必须强调,正交性关系(4.3-7)和(4.3-8)仅当 $[M]$ 和 $[K]$ 为对称矩阵时才成立。

若 $r = s$，则

$$\{u\}_r^{\mathrm{T}}[M]\{u\}_r = m_{rr} \tag{4.3-9}$$

$$\{u\}_r^{\mathrm{T}}[K]\{u\}_r = k_{rr} \tag{4.3-10}$$

m_{rr} 和 k_{rr} 是两个实常数，叫做系统第 r 阶主质量和主刚度，广义质量和广义刚度，模态质量和模态刚度。

由方程（4.2-19）可得

$$[u]^{\mathrm{T}}[M][u] = \begin{bmatrix} \{u\}_1^{\mathrm{T}} \\ \{u\}_2^{\mathrm{T}} \\ \vdots \\ \{u\}_n^{\mathrm{T}} \end{bmatrix} [M][\{u\}_1 \{u\}_2 \cdots \{u\}_n]$$

$$= \begin{bmatrix} \{u\}_1^{\mathrm{T}}[M]\{u\}_1 & \{u\}_1^{\mathrm{T}}[M]\{u\}_2 & \cdots & \{u\}_1^{\mathrm{T}}[M]\{u\}_n \\ \{u\}_2^{\mathrm{T}}[M]\{u\}_1 & \{u\}_2^{\mathrm{T}}[M]\{u\}_2 & \cdots & \{u\}_2^{\mathrm{T}}[M]\{u\}_n \\ \cdots & \cdots & \cdots & \cdots \\ \{u\}_n^{\mathrm{T}}[M]\{u\}_1 & \{u\}_n^{\mathrm{T}}[M]\{u\}_2 & \cdots & \{u\}_n^{\mathrm{T}}[M]\{u\}_n \end{bmatrix}$$

$$= \begin{bmatrix} m_1 & 0 & \cdots & 0 \\ 0 & m_2 & \cdots & 0 \\ \cdots & \cdots & \cdots & \cdots \\ 0 & 0 & \cdots & m_n \end{bmatrix} = \lceil M \rfloor$$

$$[u]^T[K][u] = \begin{bmatrix} k_1 & 0 & \cdots & 0 \\ 0 & k_2 & \cdots & 0 \\ \cdots & \cdots & \cdots & \cdots \\ 0 & 0 & \cdots & k_m \end{bmatrix} = \lceil K \rfloor$$

$\lceil M \rfloor$ 和 $\lceil K \rfloor$ 是对角矩阵，叫做主质量矩阵和主刚度矩阵，或广义质量矩阵和广义刚度矩阵，或模态质量矩阵和模态刚度矩阵。

让我们继续研究方程（4.2-1）

$$[M]\{\ddot{q}\} + [K]\{q\} = \{0\}$$

方程存在着耦合，为了描述系统的运动，我们选择另一组广义坐标

$\{p\}$，它与广义坐标$\{q\}$有下面线性变换关系

$$\{q\} = [u]\{p\} \tag{4.3-11}$$

代入方程(4.2-1)，得

$$[M][u]\{\ddot{p}\} + [K][u]\{p\} = \{0\} \tag{4.3-12}$$

方程(4.3-12)左乘以$[u]^T$，则有

$$[u]^T[M][u]\{\ddot{p}\} + [u]^T[K][u]\{p\} = \{0\}$$

即

$$\lceil M \rfloor \{\ddot{p}\} + \lceil K \rfloor \{p\} = \{0\} \tag{4.3-13}$$

或

$$m_r\ddot{p}_r + k_r p_r = 0 \quad r = 1, 2, \cdots, n \tag{4.3-14}$$

由于

$$[M]^{-1}[K] = \begin{bmatrix} \omega_{n1}^2 & 0 & \cdots & 0 \\ 0 & \omega_{n2}^2 & \cdots & 0 \\ \cdots & \cdots & \cdots & \cdots \\ 0 & 0 & \cdots & \omega_{nn}^2 \end{bmatrix} = \lceil \omega_n^2 \rfloor = \lceil \Lambda \rfloor$$

$$\tag{4.3-15}$$

方程(4.3-13)，也可改写为

$$\{\ddot{p}\} + \lceil \omega_n^2 \rfloor \{p\} = \{0\} \tag{4.3-16}$$

或

$$\ddot{p}_r + \omega_{nr}^2 p_r = 0 \quad r = 1, 2, \cdots, n \tag{4.3-17}$$

方程(4.3-13)和(4.3-14)，(4.3-16)和(4.3-17)都是无耦合的独立方程，方程组中的每一个方程都可以独立求解，有

$$p_r = A_r \sin(\omega_{nr} t + \psi_r) \quad r = 1, 2, \cdots, n \tag{4.3-18}$$

或

$$\{p\} = \{A \sin(\omega_n t + \psi)\} \tag{4.3-19}$$

沿着第r个广义坐标$p_r(r = 1, 2, \cdots, n)$只发生固有频率为$\omega_{nr}(r = 1, 2, \cdots, n)$的简谐振动，这组广义坐标$\{p\}$叫做主坐标。这时，对于

广义坐标$\{q\}$,系统的运动为

$$\{q(t)\} = [u]\{p\} = [u]\{A\sin(\omega_n t + \psi)\} \qquad (4.3\text{-}20)$$

方程(4.3-20)与方程(4.2-18)完全相同。选择不同的坐标去描述同一系统的运动,不会改变系统的性质,只是改变了运动方程的具体形式。利用振型矩阵$[u]$和方程(4.2-11),所有n个特征值问题可表示为

$$[K][u] = [M][u] \lceil \Lambda \rfloor \qquad (4.3\text{-}21)$$

或

$$[K][u] = [M][u] \lceil \omega_n^2 \rfloor \qquad (4.3\text{-}22)$$

由于特征向量$\{u\}_r (r = 1, 2, \cdots, n)$的绝对值不是唯一的,振型矩阵$[u]$也不是唯一的,所以描述系统运动的主坐标也不是唯一的。实际上,可能有无限多组主坐标。为了理论证明和计算上的方便,人们常常根据某种特定的规定来确定振型矩阵$[u]$,比如,根据主质量归一;根据使特征向量$\{u\}_r$的最大元素归一;根据特征向量$\{u\}_r$的模归一等等。根据某种特定规定确定的振型矩值$[u]$将是确定的、唯一的。由此而确定的主坐标也是确定的、唯一的,叫做正则坐标。为区分起见,用$[\mu]$表示对应于正则坐标的振型矩阵。假定$[\mu]$和$[u]$之间存在关系

$$\{u\}_r = \frac{1}{\alpha_r} \{u\}_r, \quad r = 1, 2, \cdots, n \qquad (4.3\text{-}23)$$

如果根据主质量归一的要求进行正则化,就要求

$$[\mu]^T[M][\mu] = [I] \qquad (4.3\text{-}24)$$

成立。由式(4.3-24)和式(4.3-22),得

$$[\mu]^T[K][\mu] = \lceil \omega_n^2 \rfloor = \lceil \Lambda \rfloor \qquad (4.3\text{-}25)$$

对于质量归一的正则坐标,各阶主质量都是1,而各阶主刚度都等于该阶固有频率的平方,即系统的特征值。现在,我们来确定这种正则坐标和对应的振型矩阵$\{\mu\}$。

若正则坐标 $\{\eta\}$ 与广义坐标 $\{q\}$ 的变换关系为

$$\{q\} = [\mu]\{\eta\} \tag{4.3-26}$$

而主坐标 $\{p\}$ 与广义坐标 $\{q\}$ 的变换关系为

$$\{q\} = [u]\{p\}$$

假定 $\{\mu\}_r$ 与 $\{u\}_r$ 之间的关系为

$$\{\mu\}_r = n_r\{u\}_r \quad r = 1, 2, \cdots, n \tag{4.3-27}$$

因而有

$$\begin{aligned}
[\mu] &= [\{\mu\}_1 \quad \{\mu\}_2 \quad \cdots \quad \{\mu\}_n] \\
&= [n_1\{u\}_1 \quad n_2\{u\}_2 \quad \cdots \quad n_n\{u\}_n] \\
&= [u][n] \tag{4.3-28}
\end{aligned}$$

把式(4.3-26)代入系统的运动方程(4.2-1),有

$$[M][\mu]\{\ddot{\eta}\} + [K][M]\{\eta\} = \{0\} \tag{4.3-29}$$

式(4.3-29)左乘以 $[\mu]^T$,得

$$[\mu]^T[M][\mu]\{\ddot{\eta}\} + [\mu]^T[K][\mu]\{\eta\} = \{0\} \tag{4.3-30}$$

使方程(4.3-30)的质量矩阵归一,即

$$\begin{aligned}
[I] &= [\mu]^T[M][\mu] = [n][u]^T[M][u][n] \\
&= [n][M][n] \tag{4.3-31}
\end{aligned}$$

即

$$n_r^2 m_r = 1 \quad r = 1, 2, \cdots, n \tag{4.3-32}$$

因而得

$$n_r^2 = \frac{1}{m_r} = \frac{1}{\{u\}_r^T[M]\{u\}_r} = \frac{1}{\displaystyle\sum_{i=1}^{n}\sum_{j=1}^{n} m_{ij}u_{ir}u_{jr}} \tag{4.3-33}$$

这时,系统的运动方程为

$$\{\ddot{\eta}\} + [\omega_n^2]\{\eta\} = \{0\} \tag{4.3-34}$$

或

$$\ddot{\eta}_r + \omega_{nr}^2 \eta_r = 0 \quad r = 1, 2, \cdots, n \tag{4.3-35}$$

对于使主质量归一，$a_r = \dfrac{1}{n_r} = \dfrac{1}{\sqrt{m_r}}$；对于使特征向量$\{u\}_r$的

最大元素归一，$a_r = \max(u_{jr})$；对于使特征向量$\{u\}_r$的模归一，$a_r = ||\{u\}_r||$，$||\cdot||$表示向量的欧氏范数。

例 确定第二节例2中系统的正则坐标的振型矩阵。

解 从第二节例2有

$$[u] = \begin{bmatrix} 1.000 & 1.000 & 1.000 \\ 1.802 & 0.445 & -1.247 \\ 2.247 & -1.802 & 0.555 \end{bmatrix}$$

应用方程(4.3-33)，得

$$1 = n_1^2(m_{11}u_{11}^2 + m_{22}u_{21}^2 + m_{33}u_{31}^2)$$
$$= n_1^2(1.000^2 + 1.802^2 + 2.247^2)m$$

即

$$n_1 = 1/3.049\ \sqrt{m}$$

同理得

$$n_2 = 1/1.357\ \sqrt{m}\ ,\ n_3 = 1/1.692\ \sqrt{m}\ 。$$

由方程(4.3-28)，有

$$[\mu] = [u][n] = \frac{1}{\sqrt{m}}\begin{bmatrix} 0.328 & 0.737 & 0.591 \\ 0.591 & 0.328 & -0.737 \\ 0.737 & -0.591 & 0.258 \end{bmatrix}$$

第四节　　对初始条件的响应和初值问题

n自由度无阻尼系统的自由振动表达式为

$$\{q(t)\} = \sum_{r=1}^{n} A_r\{u\}_r \sin(\omega_{nr}t + \psi_r) = [u]\{A\sin(\omega_n t + \psi)\}$$

$$(4.4\text{-}1)$$

待定常数 A_r 和 $\psi_r(r=1,2,\cdots,n)$，由施加于系统的初始条件决定。

若施加于系统的初始条件 $\{q(0)\}=\{q_0\}$，$\{\dot{q}(0)\}=\{\dot{q}_0\}$，为计算 A_r 和 ψ_r 作下面的变换

$$A_r\sin(\omega_{nr}t+\psi_r)=D_r\cos\omega_{nr}t+E_r\sin\omega_{nr}t \qquad (4.4\text{-}2)$$

式中

$$A_r=\sqrt{D_r^2+E_r^2}\,,\ \tan\psi_r=\frac{D_r}{E_r}$$

这时

$$\{q(t)\}=[u]\{D\cos\omega_n t\}+[u]\{E\sin\omega_n t\}$$

$$\{\dot{q}(t)\}=-[u]\{D\omega_n\sin\omega_n t\}+[u]\{E\omega_n\cos\omega_n t\} \qquad (4.4\text{-}3)$$

因而有

$$\{q_0\}=[u]\{D\},\quad \{\dot{q}_0\}=[u]\{E\omega_n\}=[u][\omega_n]\{E\} \qquad (4.4\text{-}4)$$

即

$$\{D\}=[u]^{-1}\{q_0\},\quad \{E\}=[\omega_n]^{-1}[u]^{-1}\{\dot{q}_0\} \qquad (4.4\text{-}5)$$

例 有一系统，其质量矩阵和刚度矩阵为

$$[M]=\begin{bmatrix}1&0&0\\0&1&0\\0&0&2\end{bmatrix},\quad [K]=\begin{bmatrix}3&-2&0\\-2&3&-1\\0&-1&1\end{bmatrix}$$

试确定在 $\{q(0)\}=\begin{bmatrix}2&1&1\end{bmatrix}^{\mathrm{T}}$，$\{\dot{q}(0)\}=\begin{bmatrix}0&1&-1\end{bmatrix}^{\mathrm{T}}$ 初始条件下的响应。

解 可解得系统的固有频率和特征向量为

$$\omega_{n1}=0.3914,\omega_{n2}=1.1363,\omega_{n3}=2.2485$$

$$\{u\}_1=\begin{bmatrix}1.0000&1.4235&2.0511\end{bmatrix}^{\mathrm{T}}$$

$$\{u\}_2=\begin{bmatrix}1.0000&0.8544&-0.5399\end{bmatrix}^{\mathrm{T}}$$

$$\{u\}_3=\begin{bmatrix}1.0000&-1.0279&0.1128\end{bmatrix}^{\mathrm{T}}$$

由方程(4.4-4)得

$$\begin{bmatrix} 1.0000 & 1.0000 & 1.0000 \\ 1.4325 & 0.8544 & -1.0279 \\ 2.0511 & -0.5399 & 0.1128 \end{bmatrix} \begin{Bmatrix} D_1 \\ D_2 \\ D_3 \end{Bmatrix} = \begin{Bmatrix} 2 \\ 1 \\ 1 \end{Bmatrix}$$

$$\begin{bmatrix} 0.3914 & 1.1363 & 2.2485 \\ 0.5572 & 0.9709 & -2.3112 \\ 0.8028 & -0.6135 & 0.2536 \end{bmatrix} \begin{Bmatrix} E_1 \\ E_2 \\ E_3 \end{Bmatrix} = \begin{Bmatrix} 0 \\ 1 \\ -1 \end{Bmatrix}$$

解上述方程,可得

$$D_1 = 0.6577, \quad D_2 = 0.7668, \quad D_3 = 0.5754$$

和

$$E_1 = 1.2340, \quad E_2 = -0.0861, \quad E_3 = -0.1713$$

由此得

$$A_1 = 1.3983, \quad A_2 = 0.7716, \quad A_3 = 0.6004$$

和

$$\psi_1 = 0.4897, \quad \psi_2 = 1.6826, \quad \psi_3 = 1.8601$$

系统的自由振动方程为

$$\begin{Bmatrix} q_1(t) \\ q_2(t) \\ q_3(t) \end{Bmatrix} = 1.3983 \begin{Bmatrix} 1.0000 \\ 1.4234 \\ 2.0511 \end{Bmatrix} \sin(0.3914t + 0.4897)$$

$$+ 0.7716 \begin{Bmatrix} 1.0000 \\ 0.8544 \\ -0.5399 \end{Bmatrix} \sin(1.1363t + 1.6826)$$

$$+ 0.6004 \begin{Bmatrix} 1.0000 \\ -1.0279 \\ 0.1128 \end{Bmatrix} \sin(2.2485t + 1.8601)$$

第五节　半确定系统

如果有一个系统,它的运动方程为

$$[M]\{\ddot{q}\} + [K]\{q\} = \{0\}$$

通过变换 $\{q\} = [u]\{p\}$,用主坐标 $\{p\}$ 描述系统的运动,运动方程成为

$$[\![M]\!]\{\ddot{p}\} + [\![K]\!]\{p\} = \{0\}$$

即

$$m_r \ddot{p}_r + k_r p_r = 0 \quad r = 1, 2, \cdots, n \tag{4.5-1}$$

且有 $\omega_{nr}^2 = k_r / m_r$。假定系统有零特征值,即零固有频率,比如 $\omega_{n1} = 0$。由式(4.5-1)可得

$$\ddot{p}_1 = 0$$

因而有

$$p_1 = D_1 + E_1 t \tag{4.5-2}$$

D_1 和 E_1 为任意常数。方程(4.5-2)表明,整个系统沿主坐标 p_1 的运动是一个刚体运动,没有发生弹性变形,它也是系统的一个固有模态运动,叫做刚体模态或零固有频率模态。对于刚体模态,整个系统如同刚体一样运动,有 $q_1 = q_2 = \cdots = q_n$。因而其特征向量 $\{u\}_1 = u_0\{1\}$。式中 $\{1\}$ 是所有元素为 1 的向量,u_0 为不等于零的常数。

有一个或几个固有频率等于零的系统叫做半确定系统。可以证明,当系统的质量矩阵 $[M]$ 和刚度矩阵 $[K]$ 都是正定矩阵时,系统不会有零固有频率;而当系统的刚度矩阵 $[K]$ 为半正定矩阵时,系统将具有零固有频率。因此,具有半正定刚度矩阵 $[K]$ 的系统是一个半确定系统。产生半正定刚度矩阵 $[K]$ 的物理条件是系统具

有自由 — 自由边界。

例　确定图 4.5-1 系统的固有频率和特征向量。

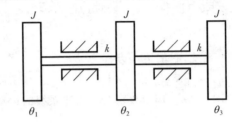

图 4.5-1

解　系统的运动方程为

$$\begin{bmatrix} J & 0 & 0 \\ 0 & J & 0 \\ 0 & 0 & J \end{bmatrix}\begin{Bmatrix} \ddot{\theta}_1 \\ \ddot{\theta}_2 \\ \ddot{\theta}_3 \end{Bmatrix} + \begin{bmatrix} k & -k & 0 \\ -k & 2k & -k \\ 0 & -k & k \end{bmatrix}\begin{Bmatrix} \theta_1 \\ \theta_2 \\ \theta_3 \end{Bmatrix} = \begin{Bmatrix} 0 \\ 0 \\ 0 \end{Bmatrix}$$

方程左乘以 $[M]^{-1}$，并令 $k/J = h$，则方程可表示为

$$\begin{Bmatrix} \ddot{\theta}_1 \\ \ddot{\theta}_2 \\ \ddot{\theta}_3 \end{Bmatrix} + \begin{bmatrix} h & -h & 0 \\ -h & 2h & -h \\ 0 & -h & h \end{bmatrix}\begin{Bmatrix} \theta_1 \\ \theta_2 \\ \theta_3 \end{Bmatrix} = \begin{Bmatrix} 0 \\ 0 \\ 0 \end{Bmatrix}$$

由方程(4.2-11)，得

$$\begin{bmatrix} \lambda - h & h & 0 \\ h & \lambda - 2h & h \\ 0 & h & \lambda - h \end{bmatrix}\begin{bmatrix} u_1 \\ u_2 \\ u_3 \end{bmatrix} = \begin{bmatrix} 0 \\ 0 \\ 0 \end{bmatrix}$$

系统的特征方程为

$$\begin{vmatrix} \lambda - h & h & 0 \\ h & \lambda - 2h & h \\ 0 & h & \lambda - h \end{vmatrix} = \lambda(\lambda - h)(\lambda - 3h) = 0$$

得系统的固有频率：$\omega_{n1} = 0$，$\omega_{n2} = \sqrt{h} = \sqrt{k/J}$，$\omega_{n3} = \sqrt{3h} = \sqrt{3k/J}$。

· 178 ·

令

$$[f(\lambda)] = \begin{bmatrix} \lambda - h & h & 0 \\ h & \lambda - 2h & h \\ 0 & h & \lambda - h \end{bmatrix}$$

其伴随矩阵为

$$[F(\lambda)] =$$

$$\begin{bmatrix} (\lambda - h)(\lambda - 2h) - h^2 & -(\lambda - h) & h^2 \\ -h(\lambda - h) & (\lambda - h)^2 & -h(\lambda - h) \\ h^2 & -h(\lambda - h) & (\lambda - h)(\lambda - 2h) - h^2 \end{bmatrix}$$

从而得

$$\{u\}_1 = h^2 [1 \quad 1 \quad 1]^T$$

$$\{u\}_2 = h^2 [1 \quad 0 \quad -1]^T$$

$$\{u\}_3 = h^2 [1 \quad -2 \quad 1]^T$$

为了标明刚体模态,用$\{u\}_0$表示其特征向量。刚体模态的特征向量$\{u\}_0$应和系统的其他模态的特征向量满足正交性关系

$$\{u\}_0 [M] \{u\} = 0$$

若$[M]$为对角阵,并注意到关系

$$q_i(t) = u_i f(t) \quad i = 1, 2, \cdots, n$$

则可得

$$\sum_{i=1}^{n} m_{ii} q_i = 0 \tag{4.5-3}$$

这是一约束方程。利用约束方程,可使半确定系统的运动方程降阶。

对于前述例题,其约束方程为

$$\theta_1 + \theta_2 + \theta_3 = 0$$

由此得

$$\theta_3 = -\theta_2 - \theta_1$$

即

$$\begin{Bmatrix} \theta_1 \\ \theta_2 \\ \theta_3 \end{Bmatrix} = \begin{bmatrix} 1 & 0 \\ 0 & 1 \\ -1 & -1 \end{bmatrix} \begin{Bmatrix} \theta_1 \\ \theta_2 \end{Bmatrix}$$

这时,系统的动能和势能为

$$T = \frac{1}{2} [\theta_1 \quad \theta_2] \begin{bmatrix} 1 & 0 & -1 \\ 0 & 1 & -1 \end{bmatrix} \begin{bmatrix} J & 0 & 0 \\ 0 & J & 0 \\ 0 & 0 & J \end{bmatrix} \begin{bmatrix} 1 & 0 \\ 0 & 1 \\ -1 & -1 \end{bmatrix} \begin{Bmatrix} \dot\theta_1 \\ \dot\theta_2 \end{Bmatrix}$$

$$= \frac{J}{2} [\theta_1 \quad \theta_2] \begin{bmatrix} 2 & 1 \\ 1 & 2 \end{bmatrix} \begin{Bmatrix} \dot\theta_1 \\ \dot\theta_2 \end{Bmatrix}$$

$$U = \frac{1}{2} [\theta_1 \quad \theta_2] \begin{bmatrix} 1 & 0 & -1 \\ 0 & 1 & -1 \end{bmatrix} \begin{bmatrix} k & -k & 0 \\ -k & 2k & -k \\ 0 & -k & k \end{bmatrix}$$

$$\times \begin{bmatrix} 1 & 0 \\ 0 & 1 \\ -1 & -1 \end{bmatrix} \begin{Bmatrix} \theta_1 \\ \theta_2 \end{Bmatrix}$$

$$= \frac{k}{2} [\theta_1 \quad \theta_2] \begin{bmatrix} 2 & 1 \\ 1 & 5 \end{bmatrix} \begin{Bmatrix} \theta_1 \\ \theta_2 \end{Bmatrix}$$

这时系统的运动方程改写为

$$\begin{bmatrix} 2J & J \\ J & 2J \end{bmatrix} \begin{Bmatrix} \ddot\theta_1 \\ \ddot\theta_2 \end{Bmatrix} + \begin{bmatrix} 2k & k \\ k & 5k \end{bmatrix} \begin{Bmatrix} \theta_1 \\ \theta_2 \end{Bmatrix} = \begin{Bmatrix} 0 \\ 0 \end{Bmatrix}$$

系统的特征方程为

$$\begin{vmatrix} \lambda - h & -h \\ 0 & \lambda - 3h \end{vmatrix} = (\lambda - h)(\lambda - 3h) = 0$$

式中 $h = k/J$,系统的固有频率 $\omega_{n1} = \sqrt{h} = \sqrt{k/J}$,$\omega_{n2} = \sqrt{3h} = \sqrt{3k/J}$。

伴随矩阵

$$[F(\lambda)] = \begin{bmatrix} \lambda - 3h & h \\ 0 & \lambda - h \end{bmatrix}$$

从而得 $\{u\}_1 = h[1 \quad 0]^{\mathrm{T}}$；$\{u_2\} = h[1 \quad 2]$。

由约束方程得

$$\{u\}_1 = h[1 \quad 0 \quad -1], \quad \{u\}_2 = h[1 \quad -2 \quad 1]$$

和

$$\{u\}_0 = [1 \quad 1 \quad 1]^{\mathrm{T}}$$

第六节　具有等固有频率的系统

机械系统由于结构的对称性或其他原因,系统可能具有重特征值,也就是有相等的固有频率。图 4.6-1 的系统,运动限于在 xy 平面内,两个弹簧直交并相等。在微幅振动时,系统的运动方程为

$$m\ddot{q}_1 + 2kq_1 = 0$$
$$m\ddot{q}_2 + 2kq_2 = 0$$

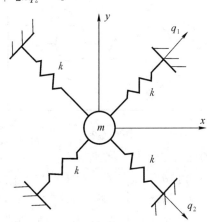

图 4.6-1

它们有两个相等的固有频率,是一个退化的系统。

线性代数表明,若质量矩阵$[M]$和刚度矩阵$[K]$是实对称的矩阵;质量矩阵$[M]$是正定矩阵,无论系统是否具有重特征值,系

统的所有特征向量有正交关系。

对于重特征值，也有与式(4.2-22)相类似的方程。假定系统有一 l 重特征值 $\lambda_s (2 \leqslant l \leqslant n)$，对于重特征值 λ_s，有下列关系

$$[f(\lambda_s)][F^{(l-1)}(\lambda_s)] = [0] \tag{4.6-1}$$

式中 $F^{(l-1)}(\lambda_s)$ 为矩阵 $[f(\lambda)]$ 伴随矩阵的 $(l-1)$ 阶导数。因而，对于重特征值 λ_s 的 l 列特征向量与 $[F^{(l-1)}(\lambda_s)]$ 的 l 列非零列成比例。我们可以利用 $[F^{(l-1)}(\lambda_s)]$ 来确定重特征值 λ_s 的特征向量。对于其余非重特征值，仍保持方程(4.2-22)的关系，利用 $[F(\lambda)]$ 来确定其对应的特征向量。

例 两个相同大小的质量 m，用七根弹簧固紧在刚性的框架内(图 4.6-2)。确定系统自由振动的表达式。

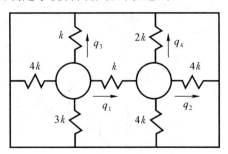

图 4.6-2

解 系统的运动方程为

$$\begin{bmatrix} m & 0 & 0 & 0 \\ 0 & m & 0 & 0 \\ 0 & 0 & m & 0 \\ 0 & 0 & 0 & m \end{bmatrix} \begin{Bmatrix} \ddot{q}_1 \\ \ddot{q}_2 \\ \ddot{q}_3 \\ \ddot{q}_4 \end{Bmatrix} + \begin{bmatrix} 5k & -k & 0 & 0 \\ -k & 5k & 0 & 0 \\ 0 & 0 & 4k & 0 \\ 0 & 0 & 0 & 6k \end{bmatrix} \begin{Bmatrix} q_1 \\ q_2 \\ q_3 \\ q_4 \end{Bmatrix} = \begin{Bmatrix} 0 \\ 0 \\ 0 \\ 0 \end{Bmatrix}$$

为分析方便起见，令 $[H] = [M]^{-1}[K]$，$k/m = h$。这时，系统的特征值问题为

$$(\lambda[I] - [H])\{u\} = \{0\}$$

和

$$[f(\lambda)] = \lambda[I] - [H]$$

$$= \begin{bmatrix} \lambda - 5h & h & 0 & 0 \\ h & \lambda - 5h & 0 & 0 \\ 0 & 0 & \lambda - 4h & 0 \\ 0 & 0 & 0 & \lambda - 6h \end{bmatrix}$$

系统的特征方程为

$$|f(\lambda)| = |\lambda[I] - [H]| = (\lambda - 4h)^2(\lambda - 6h)^2 = 0$$

系统的固有频率 $\omega_{n1} = \omega_{n2} = 2\sqrt{k/m}$，$\omega_{n3} = \omega_{n4} = \sqrt{6k/m}$。

$[f(\lambda)]$ 的伴随矩阵为

$$[F(\lambda)]$$

$$= (\lambda - 4h)(\lambda - 6h) \begin{bmatrix} \lambda - 5h & -h & 0 & 0 \\ -h & \lambda - 5h & 0 & 0 \\ 0 & 0 & \lambda - 6h & 0 \\ 0 & 0 & 0 & \lambda - 4h \end{bmatrix}$$

显然，当 $\lambda_1 = \lambda_2 = 4h$，$\lambda_3 = \lambda_4 = 6h$ 时，$[F(\lambda)] = [0]$。

$$\frac{d[F(\lambda)]}{d\lambda}$$

$$= (\lambda - 6h) \begin{bmatrix} -\lambda - 5h & -h & 0 & 0 \\ -h & \lambda - 5h & 0 & 0 \\ 0 & 0 & \lambda - 6h & 0 \\ 0 & 0 & 0 & \lambda - 4h \end{bmatrix}$$

$$+ (\lambda - 4h) \begin{bmatrix} \lambda - 5h & -h & 0 & 0 \\ -h & \lambda - 5h & 0 & 0 \\ 0 & 0 & \lambda - 6h & 0 \\ 0 & 0 & 0 & \lambda - 4h \end{bmatrix}$$

$$+ (\lambda - 4h)(\lambda - 6h)\begin{bmatrix} 1 & 0 & 0 & 0 \\ 0 & 1 & 0 & 0 \\ 0 & 0 & 1 & 0 \\ 0 & 0 & 0 & 1 \end{bmatrix}$$

因而有

$$[F(\lambda_1)] = [F(\lambda_2)]$$

$$= h^2 \begin{bmatrix} 2 & 2 & 0 & 0 \\ 2 & 2 & 0 & 0 \\ 0 & 0 & 4 & 0 \\ 0 & 0 & 0 & 0 \end{bmatrix} = h^2 \begin{bmatrix} 1 & 0 \\ 1 & 0 \\ 0 & 1 \\ 0 & 0 \end{bmatrix} \begin{bmatrix} 2 & 2 & 0 & 0 \\ 0 & 0 & 4 & 0 \end{bmatrix}$$

$$[F(\lambda_3)] = [F(\lambda_4)] = h^2 \begin{bmatrix} 2 & -2 & 0 & 0 \\ -2 & 2 & 0 & 0 \\ 0 & 0 & 0 & 0 \\ 0 & 0 & 0 & 4 \end{bmatrix}$$

$$= h^2 \begin{bmatrix} 1 & 0 \\ -1 & 0 \\ 0 & 0 \\ 0 & 1 \end{bmatrix} \begin{bmatrix} 2 & -2 & 0 & 0 \\ 0 & 0 & 0 & 4 \end{bmatrix}$$

所以系统的振型矩阵

$$[u] = \begin{bmatrix} 1 & 0 & 1 & 0 \\ 1 & 0 & -1 & 0 \\ 0 & 1 & 0 & 0 \\ 0 & 0 & 0 & 1 \end{bmatrix}$$

因而

$$\begin{Bmatrix} q_1(t) \\ q_2(t) \\ q_3(t) \\ q_4(t) \end{Bmatrix} = \begin{bmatrix} 1 & 0 & 1 & 0 \\ 1 & 0 & -1 & 0 \\ 0 & 1 & 0 & 0 \\ 0 & 0 & 0 & 1 \end{bmatrix} \begin{Bmatrix} A_1\sin(2\sqrt{k/mt} + \psi_1) \\ A_2\sin(2\sqrt{k/mt} + \psi_2) \\ A_3\sin(\sqrt{6k/mt} + \psi_3) \\ A_4\sin(\sqrt{6k/mt} + \psi_4) \end{Bmatrix}$$

第七节　　无阻尼强迫振动和模态分析

现在,我们来讨论多自由度无阻尼系统的强迫振动问题。一个 n 自由度无阻尼系统的强迫振动的运动方程可表示为

$$[M]\{\ddot{q}\} + [K]\{q\} = \{F(t)\} \tag{4.7-1}$$

式中 $\{F(t)\}$ 是外激励力向量。如果外激励力是简谐激励力、周期激励力或不同频率的简谐激励力的某种组合时,与两自由度系统一样,可利用复指数法求解,以得到系统的稳态响应。如果外激励力是任意的时间函数,可利用 Laplace 变换求解。为了对方程(4.7-1)求解,还可以有另一种方法,叫做模态分析方法。它是利用振型矩阵,把描述系统运动的坐标,从一般的广义坐标变换到主坐标(也称模态坐标),把运动方程(4.7-1)变换成一组 n 个独立的方程,求得系统在每个主坐标上的响应,然后,再得到系统在一般广义坐标上的响应。模态分析方法在现代机械结构动力学中得到了广泛的应用,使强迫振动运动方程的求解和分析大为简化。

为了用模态分析方法对方程(4.7-1)求解,首先要解矩阵 $[M]$ 和 $[K]$ 的特征值问题

$$[M][u]\,[\![\omega_n^2]\!] = [K][u] \tag{4.7-2}$$

这可以利用计算机完成。我们选用对质量矩阵归一的正则坐标,有

$$\{q\} = [\mu]\{\eta\} \tag{4.7-3}$$

矩阵 $[\mu]$ 满足

$$[\mu][M][\mu] = [I], \quad [\mu]^{\mathrm{T}}[K][\mu] = [\![\omega_n^2]\!] \tag{4.7-4}$$

把式(4.7-3)代入方程(4.7-1),得

$$[M][\mu]\{\ddot{\eta}\} + [K][\mu]\{\eta\} = \{F(t)\} \tag{4.7-5}$$

方程(4.7-5)左乘以 $[\mu]^{\mathrm{T}}$

$$[\mu]^{\mathrm{T}}[M][\mu]\{\ddot{\eta}\} + [\mu]^{\mathrm{T}}[K][\mu]\{\eta\} = [\mu]^{\mathrm{T}}\{F(t)\} \quad (4.7\text{-}6)$$

即

$$\{\ddot{\eta}\} + [\omega_n^2]\{\eta\} = \{N(t)\} \qquad (4.7\text{-}7)$$

式中 $\{N(t)\} = [\mu]^{\mathrm{T}}\{F(t)\}$，表示沿正则坐标的激励力。方程 (4.7-7) 也可表示为

$$\ddot{\eta}_r + \omega_{nr}^2 \eta_r = N_r(t) \quad r = 1,2,\cdots,n \qquad (4.7\text{-}8)$$

式中 $N_r(t)$ 为沿第 r 个正则坐标作用的广义激励力。方程(4.7-8) 的 n 个方程是相互独立的 n 个方程，可作为 n 个独立的单自由度系统来处理。方程的特解为

$$\eta_r(t) = \int_0^t h_r(t-\tau)N_r(\tau)\mathrm{d}\tau \quad r = 1,2,\cdots,n \qquad (4.7\text{-}9)$$

式中 $h_r(t)$ 为系统第 r 阶模态的脉冲响应函数,有

$$h_r(t) = \frac{1}{\omega_{nr}}\sin\omega_{nr}t \quad r = 1,2,\cdots,n \qquad (4.7\text{-}10)$$

把式(4.7-10) 代入式(4.7-9),有

$$\eta_r(t) = \frac{1}{\omega_{nr}}\int_0^t \sin\omega_{nr}(t-\tau)N_r(\tau)\mathrm{d}\tau$$
$$r = 1,2,\cdots,n \qquad (4.7\text{-}11)$$

考虑到初始条件对系统的影响,方程(4.7-1) 的通解为

$$\eta_r(t) = \eta_r(0)\cos\omega_{nr}t + \frac{\dot{\eta}_r(0)}{\omega_{nr}}\sin\omega_{nr}t$$
$$+ \frac{1}{\omega_{nr}}\int_0^t N_r(\tau)\sin\omega_{nr}(t-\tau)\mathrm{d}\tau$$
$$r = 1,2,\cdots,n \qquad (4.7\text{-}12)$$

式中 $\eta_r(0)$ 和 $\dot{\eta}_r(0)$ 是施加于第 r 阶正则坐标的初始条件,可由下式确定

$$\{\eta(0)\} = [\mu]^{-1}\{q(0)\}, \quad \{\dot{\eta}(0)\} = [\mu]^{-1}\{\dot{q}(0)\} \qquad (4.7\text{-}13)$$

由此,得到广义坐标 $\{q\}$ 的一般运动为

$$\{q(t)\} = [\mu]\{\eta(t)\} = \sum_{r=1}^{n}\{\mu\}_r\eta_r(t)$$

$$= \sum_{r=1}^{n} \left[\eta_r(0)\cos\omega_{nr}t + \frac{\dot{\eta}_r(0)}{\omega_{nr}}\sin\omega_{nr}t \right]$$

$$+ \sum_{r=1}^{n} \frac{\{\mu\}_r\{\mu\}_r^{\mathrm{T}}}{\omega_{nr}}\int_0^t F(\tau)\sin\omega_{nr}(t-\tau)\mathrm{d}\tau \quad (4.7\text{-}14)$$

方程 $(4.7\text{-}14)$ 描述了系统过渡过程的运动。对于外激励力 $F(t)$ 为简谐函数时,系统的稳态响应是指与外激励力相同频率的响应,对于周期激励力,还包括与其高次谐波有关的响应。

例 1 图 4.7-1 的系统,受到力 $F_1(t) = 0, F_2(t) = Fu(t)$ 的作用,$u(t)$ 是单位阶跃函数。试确定系统的响应。

解 系统的运动方程为

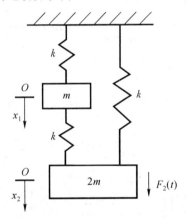

图 4.7-1

$$m\begin{bmatrix} 1 & 0 \\ 0 & 2 \end{bmatrix}\begin{Bmatrix} \ddot{x}_1 \\ \ddot{x}_2 \end{Bmatrix} + k\begin{bmatrix} 2 & -1 \\ -1 & 2 \end{bmatrix}\begin{Bmatrix} x_1 \\ x_2 \end{Bmatrix} = \begin{Bmatrix} 0 \\ Fu(t) \end{Bmatrix}$$

为了用模态分析方法求解,首先要解矩阵 $[M]$ 和 $[K]$ 的特征值问题。得

$$\omega_{n1} = 0.796266\sqrt{k/m}, \quad \{u\}_1 = [1.000000 \quad 1.366025]^{\mathrm{T}}$$

$$\omega_{n2} = 1.238188\sqrt{k/m}, \quad \{u\}_2 = [1.000000 \quad -0.366025]^{\mathrm{T}}$$

对于正则坐标(对质量矩阵归一),特征向量为

$$\{\mu\}_1 = \frac{1}{\sqrt{m}} \left\{ \begin{array}{c} 0.459701 \\ 0.627963 \end{array} \right\}, \{\mu\}_2 = \frac{1}{\sqrt{m}} \left\{ \begin{array}{c} 0.888074 \\ -0.325057 \end{array} \right\}$$

因此,其振型矩阵为

$$[\mu] = \frac{1}{\sqrt{m}} \left[\begin{array}{cc} 0.459701 & 0.888074 \\ 0.627963 & -0.325057 \end{array} \right]$$

进行线性变换$\{x\} = [\mu]\{\eta\}$,并得到

$$\{N(t)\} = [\mu]^{\mathrm{T}}\{F(t)\} = \frac{F}{\sqrt{m}} \left\{ \begin{array}{c} 0.627963 \\ -0.325057 \end{array} \right\} u(t)$$

把$N_1(t)$和$N_2(t)$分别代入式(4.7-11),得

$$\eta_1(t) = 0.627963 \frac{F}{\sqrt{m}} \frac{1}{\omega_{n1}} \int_0^t u(\tau)\sin\omega_{n1}(t-\tau)\mathrm{d}\tau$$

$$= 0.627963 \frac{F}{\sqrt{m}} \frac{1}{\omega_{n1}^2}(1 - \cos\omega_{n1}t)$$

$$\eta_2(t) = -0.325057 \frac{F}{\sqrt{m}} \frac{1}{\omega_{n2}} \int_0^t u(\tau)\sin\omega_{n2}(t-\tau)\mathrm{d}\tau$$

$$= -0.325057 \frac{F}{\sqrt{m}} \frac{1}{\omega_{n2}^2}(1 - \cos\omega_{n2}t)$$

最后,由$\{x\} = [\mu]\{\eta\}$,得

$$x_1(t) = \frac{F}{m} \left[0.459701 \times 0.627963 \frac{1}{\omega_{n1}^2}(1 - \cos\omega_{n1}t) \right.$$

$$\left. - 0.888074 \times 0.325057 \frac{1}{\omega_{n2}^2}(1 - \cos\omega_{n2}t) \right]$$

$$x_2(t) = \frac{F}{m} \left[0.627963^2 \frac{1}{\omega_{n1}^2}(1 - \cos\omega_{n1}t) \right.$$

$$\left. + 0.325057^2 \frac{1}{\omega_{n2}^2}(1 - \cos\omega_{n2}t) \right]$$

例 2 若例 1 的系统受到$F_1(t) = 0, F_2(t) = F\sin\omega t$的作用,试确定系统的响应。

解 正则化激励力为

$$\{N(t)\} = [\mu]\{F(t)\} = \frac{F}{\sqrt{m}}\left\{\begin{array}{c} 0.627963 \\ -0.325057 \end{array}\right\}\sin\omega t$$

把 $N_1(t)$ 和 $N_2(t)$ 分别代入(4.7-11),得

$$\eta_1(t) = 0.627963\frac{F}{\sqrt{m}}\frac{1}{\omega_{n1}}\int_0^t \sin\omega_{n1}(t-\tau)\sin\omega\tau d\tau$$

$$= 0.627963\frac{F}{\omega_{n1}^2\sqrt{m}}(\sin\omega t - \frac{\omega}{\omega_{n1}}\sin\omega_{n1}t)(\frac{1}{1-\frac{\omega^2}{\omega_{n1}^2}})$$

$$\eta_2(t) = 0.325057\frac{F}{\sqrt{m}}\frac{1}{\omega_{n2}}\int_0^t \sin\omega_{n1}(t-\tau)\sin\omega\tau d\tau$$

$$= -0.325057\frac{F}{\omega_{n2}^2\sqrt{m}}(\sin\omega t - \frac{\omega}{\omega_{n2}}\sin\omega_{n2}t)(\frac{1}{1-\frac{\omega^2}{\omega_{n2}^2}})$$

最后,得

$$x_1(t) = \frac{F}{m}\Big[0.459701\times0.627963\frac{1}{\omega_{n1}^2}(\sin\omega t$$

$$- \frac{\omega}{\omega_{n1}}\sin\omega_{n1}t)(\frac{1}{1-\omega^2/\omega_{n1}^2})$$

$$- 0.888074\times0.325057\frac{1}{\omega_{n2}^2}(\sin\omega t$$

$$- \frac{\omega}{\omega_{n2}}\sin\omega_{n2}t)(\frac{1}{1-\omega^2/\omega_{n2}^2})\Big]$$

$$x_2(t) = \frac{F}{m}\Big[0.627963^2\frac{1}{\omega_{n1}^2}(\sin\omega t - \frac{\omega}{\omega_{n1}}\sin\omega_{n1}t)$$

$$\times (\frac{1}{1-\omega^2/\omega_{n1}^2}) + 0.325057^2\frac{1}{\omega_{n2}^2}(\sin\omega t$$

$$- \frac{\omega}{\omega_{n2}}\sin\omega_{n2}t)(\frac{1}{1-\omega^2/\omega_{n2}^2})\Big]$$

由方程(4.7-11)得到的解,包含有激励力施加于系统的时刻($t = 0$)引起的响应。若只考虑强迫振动的稳态响应,则只取 $\sin\omega t$ 项。

第八节　　对基础运动的响应

前面所讨论的,都是系统受到激励力$\{F(t)\}$而引起的振动。在实际问题中,与单自由度系统一样,还经常碰到由基础运动而引起的振动问题。

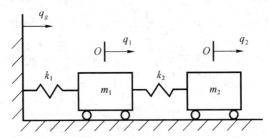

图 4.8-1

图 4.8-1 的系统,其基础有一运动 $q_g(t)$。系统的运动方程

$$m_1\ddot{q}_1 + k_1(q_1 - q_g) + k_2[(q_1 - q_g) - (q_2 - q_g)] = 0$$
$$m_2\ddot{q}_2 + k_2[(q_2 - q_g) - (q_1 - q_g)] = 0$$

整理后,写成矩阵形式

$$\begin{bmatrix} m_1 & 0 \\ 0 & m_2 \end{bmatrix}\begin{Bmatrix} \ddot{q}_1 \\ \ddot{q}_2 \end{Bmatrix} + \begin{bmatrix} k_1+k_2 & -k_2 \\ -k_2 & k_2 \end{bmatrix}\begin{Bmatrix} q_1 - q_g \\ q_2 - q_g \end{Bmatrix} = \begin{Bmatrix} 0 \\ 0 \end{Bmatrix} \quad (4.8\text{-}1)$$

令

$$\{q'\} = \begin{Bmatrix} q_1 - q_g \\ q_2 - q_g \end{Bmatrix} = \begin{Bmatrix} q_1 \\ q_2 \end{Bmatrix} - \begin{Bmatrix} q_g \\ q_g \end{Bmatrix} = \begin{Bmatrix} q_1 \\ q_2 \end{Bmatrix} - \begin{Bmatrix} 1 \\ 1 \end{Bmatrix}q_g$$
$$= \{q\} - \{1\}q_g$$

则方程(4.8-1)可表示为

$$[M]\{\ddot{q}\} + [K]\{q'\} = \{0\} \quad (4.8\text{-}2)$$

或

$$[M]\{\ddot{q}\} + [K]\{q\} = [K]\{1\}q_g \qquad (4.8\text{-}3)$$

令

$$\{F_g(t)\} = [K]\{1\}q_g$$

方程(4.8-3)可改写为

$$[M]\{\ddot{q}\} + [K]\{q\} = \{F_g(t)\} \qquad (4.8\text{-}4)$$

$\{F_g(t)\}$ 为因基础运动而施加于各坐标的等效载荷。

有时,基础运动以加速度 $\ddot{q}_g(t)$ 表示,如图 4.8-2 所示。我们选相对于基础的坐标 q'_1 和 q'_2,系统的运动方程

$$m_1(\ddot{q}'_1 + \ddot{q}_g) + k_1 q'_1 + k_2(q'_1 - q'_2) = 0$$

$$m_2(\ddot{q}'_2 + \ddot{q}_g) + k_2(q'_2 - q'_1) = 0$$

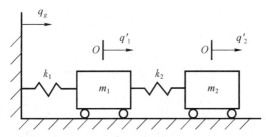

图 4.8-2

写成矩阵形式

$$\begin{bmatrix} m_1 & 0 \\ 0 & m_2 \end{bmatrix} \begin{Bmatrix} \ddot{q}'_1 + \ddot{q}_g \\ \ddot{q}'_2 + \ddot{q}_g \end{Bmatrix} + \begin{bmatrix} k_1 + k_2 & -k_2 \\ -k_2 & k_2 \end{bmatrix} \begin{Bmatrix} q'_1 \\ q'_2 \end{Bmatrix} = \begin{Bmatrix} 0 \\ 0 \end{Bmatrix}$$

$$(4.8\text{-}5)$$

整理后,有

$$\begin{bmatrix} m_1 & 0 \\ 0 & m_2 \end{bmatrix} \begin{Bmatrix} \ddot{q}'_1 \\ \ddot{q}'_2 \end{Bmatrix} + \begin{bmatrix} k_1 + k_2 & -k_2 \\ -k_2 & k_2 \end{bmatrix} \begin{Bmatrix} q'_1 \\ q'_2 \end{Bmatrix}$$

$$= -\begin{bmatrix} m_1 & 0 \\ 0 & m_2 \end{bmatrix} \begin{Bmatrix} 1 \\ 1 \end{Bmatrix} \ddot{q}_g \qquad (4.8\text{-}6)$$

即

$$[M]\{\ddot{q}'\} + [K]\{q'\} = -[M]\{1\}\ddot{q}_g \qquad (4.8\text{-}7)$$

令

$$\{F'_g(t)\} = -[M]\{1\}\ddot{q}_g$$

则有

$$[M]\{\ddot{q}'\} + [K]\{q'\} = \{F'_g(t)\} \qquad (4.8\text{-}8)$$

方程(4.8-4)和(4.8-8)与方程(4.7-1)在形式上完全相同,求解方法也完全相同。由方程(4.8-8)解得的是相对坐标$\{q'\}$的响应,而绝对坐标$\{q\} = \{q'\} + \{1\}q_g$。要确定$q_g$,还必须知道$q_g(0)$和$\dot{q}_g(0)$。

第九节 有阻尼系统

对于n自由度粘性阻尼系统,其运动方程为

$$[M]\{\ddot{q}\} + [C]\{\dot{q}\} + [K]\{q\} = \{F(t)\} \qquad (4.9\text{-}1)$$

式中质量矩阵$[M]$、阻尼矩阵$[C]$和刚度矩阵$[K]$通常都是实对称的矩阵。对于简谐激励力和周期激励力,与两自由度系统一样,可以用复指数法求解。对于激励力为任意时间函数的情况,也可用Laplace变换求解。在这里我们介绍模态分析方法。

一、比例粘性阻尼和实模态理论

在有些情况下,系统的阻尼是弹性材料的一种性质,而不是离散的阻尼元件。这时,我们把系统模型简化为每个弹簧并联作用着一个粘性阻尼器,其阻尼系数与弹簧常数成正比,有

$$[C] = \beta[K] \qquad (4.9\text{-}2)$$

在有些情况下,系统的阻尼作用于每个质量,其阻尼系数与质量的大小成正比,有

$$[C] = \alpha[M] \qquad (4.9\text{-}3)$$

对于更一般的情况,有

$$[C] = \alpha[M] + \beta[K] \qquad (4.9\text{-}4)$$

这时,系统的运动方程为

$$[M]\{\ddot{q}\} + (\alpha[M] + \beta[K])\{\dot{q}\} + [K]\{q\} = \{F(t)\}$$
$$(4.9\text{-}5)$$

根据方程(4.9-5)的质量矩阵$[M]$和刚度矩阵$[K]$,可以得到系统对应的无阻尼正则变换的振型矩阵$[\mu]$。把

$$\{q\} = [\mu]\{\eta\}$$

代入方程(4.9-5),有

$$[M][\mu]\{\ddot{\eta}\} + (\alpha[M] + \beta[K])[\mu]\{\dot{\eta}\} + [K][\mu]\{\eta\}$$
$$= \{F(t)\} \qquad (4.9\text{-}6)$$

用$(\mu)^T$左乘方程(4.9-6),得

$$[\mu]^T[M][\mu]\{\ddot{\eta}\} + [\mu]^T(\alpha[M] + \beta[K])[\mu]\{\dot{\eta}\}$$
$$+ [\mu]^T[K][\mu]\{\eta\} = [\mu]^T\{F(t)\} \qquad (4.9\text{-}7)$$

即

$$\{\ddot{\eta}\} + (\alpha[I] + \beta\lceil\omega_n^2\rfloor)\{\dot{\eta}\} + \lceil\omega_n^2\rfloor\{\eta\} = \{N(t)\} \qquad (4.9\text{-}8)$$

或

$$\ddot{\eta}_r + (\alpha + \beta\omega_{nr}^2)\dot{\eta}_r + \omega_{nr}^2\eta_r = N_r(t) \quad r = 1,2,\cdots,n \qquad (4.9\text{-}9)$$

第r阶模态阻尼和阻尼比为

$$c_r = \alpha + \beta\omega_{nr}^2, \quad \zeta_r = \frac{\alpha + \beta\omega_{nr}^2}{2\omega_{nr}} \quad r = 1,2,\cdots,n \qquad (4.9\text{-}10)$$

利用无阻尼系统实振型矩阵$[\mu]$,使n自由度有阻尼系统的运动方程解耦,使质量、刚度和阻尼矩阵实现对角化,化为一组n个相互独立的方程,从而得到方程的解,这种理论我们叫做实模态理论。

方程(4.9-9)的特解为

$$\eta_r = \int_0^t N_r(\tau) h_r(t-\tau) \mathrm{d}\tau \quad r = 1,2,\cdots,n \qquad (4.9\text{-}11)$$

式中

$$h_r(t) = \frac{1}{\omega_{dr}} \mathrm{e}^{-\zeta_r \omega_{nr} t} \sin\omega_{dr} t \quad r = 1,2,\cdots,n \qquad (4.9\text{-}12)$$

$$\omega_{dr} = \sqrt{1-\zeta_r^2}\, \omega_{nr} \qquad (4.9\text{-}13)$$

$h_r(t)$ 为第 r 阶模态的脉冲响应函数，ω_{dr} 为第 r 阶有阻尼固有频率。把式(4.9-12)代入式(4.9-11)，得

$$\begin{aligned}
\eta_r &= \frac{1}{\omega_{dr}} \int_0^t N_r(\tau) \mathrm{e}^{-\zeta_r \omega_{nr}(t-\tau)} \sin\omega_{dr}(t-\tau) \mathrm{d}\tau \\
&= \frac{1}{\omega_{dr}} \int_0^t [\mu]^T \{F(\tau)\} \mathrm{e}^{-\zeta_r \omega_{nr}(t-\tau)} \sin\omega_{dr}(t-\tau) \mathrm{d}\tau \\
&\qquad r = 1,2,\cdots,n
\end{aligned} \qquad (4.9\text{-}14)$$

若考虑到施加于系统的初始条件 $\{q(0)\}$ 和 $\{\dot{q}(0)\}$，方程(4.9-9)的通解为

$$\begin{aligned}
\eta_r(t) &= \mathrm{e}^{-\zeta_r \omega_{nr} t} \Big[\eta_r(0)\cos\omega_{dr} t + \frac{\dot{\eta}_r(0) + \zeta_r \omega_{nr}\eta_r(0)}{\omega_{dr}} \sin\omega_{dr} t \Big] \\
&\quad + \frac{1}{\omega_{dr}} \int_0^t N_r(\tau) \mathrm{e}^{-\zeta_r \omega_{nr}(t-\tau)} \sin\omega_{dr}(t-\tau) \mathrm{d}\tau \\
&\qquad r = 1,2,\cdots,n
\end{aligned} \qquad (4.9\text{-}15)$$

式中

$$\{\eta(0)\} = [\mu]^{-1}\{q(0)\}, \{\dot{\eta}(0)\} = [\mu]^{-1}\{\dot{q}(0)\} \qquad (4.9\text{-}16)$$

方程(4.9-5)的通解为

$$\{q\} = [\mu]\{\eta\} = \sum_{r=1}^n \{\mu\}_r \eta_r \qquad (4.9\text{-}17)$$

表示了比例粘性阻尼系统运动的一般形式。

分析表明，除比例粘性阻尼外，利用系统的无阻尼振型矩阵 $[\mu]$ 或 $[u]$ 使系统的阻尼矩阵实现对角化的充要条件为

$$[C][M]^{-1}[K] = [K][M]^{-1}[C] \qquad (4.9\text{-}18)$$

二、非比例粘性阻尼和复模态理论

对于具有非比例粘性阻尼的系统，其阻尼矩阵$[C]$一般是不能利用系统的无阻尼振型矩阵$[\mu]$或$[u]$实现对角化。为了对更一般的情况进行模态分析，产生了复模态理论。

具有非比例粘性阻尼的n自由度系统的运动方程为

$$[M]\{\ddot{q}\} + [C]\{\dot{q}\} + [K]\{q\} = \{F(t)\} \qquad (4.9\text{-}19)$$

引入一个辅助方程

$$[M]\{\dot{q}\} - [M]\{\dot{q}\} = \{0\} \qquad (4.9\text{-}20)$$

把方程(4.9-19)和(4.9-20)组合起来，有

$$\begin{bmatrix} [C] & [M] \\ [M] & [0] \end{bmatrix} \begin{Bmatrix} \{\dot{q}\} \\ \{\ddot{q}\} \end{Bmatrix} + \begin{bmatrix} [K] & [0] \\ [0] & -[M] \end{bmatrix} \begin{Bmatrix} \{q\} \\ \{\dot{q}\} \end{Bmatrix} = \begin{Bmatrix} \{F(t)\} \\ \{0\} \end{Bmatrix}$$

$$(4.9\text{-}21)$$

或

$$[A]\{\dot{y}\} + [B]\{y\} = \{E(t)\} \qquad (4.9\text{-}22)$$

式中

$$[A] = \begin{bmatrix} [C] & [M] \\ [M] & [0] \end{bmatrix}, \quad [B] = \begin{bmatrix} [K] & [0] \\ [0] & -[M] \end{bmatrix}$$

$$\{E(t)\} = \begin{Bmatrix} \{F(t)\} \\ \{0\} \end{Bmatrix}, \quad \{y\} = \begin{Bmatrix} \{q\} \\ \{\dot{q}\} \end{Bmatrix}$$

方程(4.9-21)和(4.9-22)是系统的状态方程表示，$\{y\}$是系统的状态向量，为$2n \times 1$的列向量。由于$[M]$、$[C]$和$[K]$是实对称矩阵，矩阵$[A]$和$[B]$也是$2n \times 2n$的实对称矩阵。为了使方程(4.9-21)和(4.9-22)解耦，即使矩阵$[A]$和$[B]$实现对角化，就要进行坐标变换，确定变换矩阵。为此，与无阻尼系统相同，要研究系统的自由振动方程

$$[A]\{\dot{y}\} + [B]\{y\} = \{0\} \qquad (4.9\text{-}23)$$

确定系统的特征值和特征向量。

让我们从研究系统自由振动方程(4.9-23)的解开始。如果系统自由振动方程的解为$\{y(t)\}$，那么，$\{y(t)\}$及其一阶导数在任何时刻必须使方程(4.9-23)成立。这表明$\{y(t)\}$必须具有这样的性质：在微分过程中不改变其形式。指数函数能满足这一要求。假定方程的解有下面的形式

$$\{y(t)\} = \{\psi\}e^{\lambda t} \tag{4.9-24}$$

代入方程(4.9-23)，得

$$(\lambda[A] + [B])\{\psi\} = \{0\} \tag{4.9-25}$$

或

$$[B]\{\psi\} = -\lambda[A]\{\psi\} \tag{4.9-26}$$

方程(4.9-25)和(4.9-26)就是矩阵$[A]$和$[B]$的特征值问题的方程。因而系统的特征方程或频率方程为

$$|\lambda[A] + [B]| = 0 \tag{4.9-27}$$

由于矩阵$[A]$和$[B]$是$2n \times 2n$阶矩阵，因此，可得$2n$个特征值λ_1，λ_2，$\cdots$，λ_{2n}。一般地说，系统的特征值可以是实数、虚数和复数。根据假定，矩阵$[M]$、$[C]$和$[K]$是实对称矩阵，$[C]$为正定矩阵时，特征值将为负实根或具有负实部的复根。对于欠阻尼系统，复特征值将共轭成对出现。每一个特征值λ_r对应有一个特征向量$\{\psi\}_r$，$r = 1,2,\cdots,2n$。如果特征值为共轭复根λ_r和λ_r^*，$r = 1,2,\cdots,n$，则对应的特征向量也为共轭向量$\{\psi\}_r$和$\{\psi^*\}_r$，$r = 1,2,\cdots,n$。系统的特征值矩阵和特征向量矩阵分别为

$$[\Lambda] = \begin{bmatrix} \lambda_1 & & & & & & 0 \\ & \ddots & & & & & \\ & & \lambda_n & & & & \\ & & & \lambda_1^* & & & \\ & & & & \ddots & & \\ 0 & & & & & & \lambda_n^* \end{bmatrix} \tag{4.9-28}$$

和

$$[\varphi] = [\{\psi\}_1 \cdots \{\psi\}_n \{\psi^*\}_1 \cdots \{\psi^*\}_n] \qquad (4.9\text{-}29)$$

这时,系统的特征值问题又可表示为

$$[B][\varphi] = - [A][\varphi] \lceil \varLambda \rfloor \qquad (4.9\text{-}30)$$

考虑到

$$\{y\} = \begin{Bmatrix} \{q\} \\ \{\dot{q}\} \end{Bmatrix}, \ \{y\} = \{\psi\}\mathrm{e}^{\lambda t}$$

若

$$\{q\} = \{\varphi\}\mathrm{e}^{\lambda t} \qquad (4.9\text{-}31)$$

则

$$\{\dot{q}\} = \lambda\{\varphi\}\mathrm{e}^{\lambda t}$$

因此

$$\{\psi\}_r = \begin{Bmatrix} \{\varphi\}_r \\ \lambda_r\{\varphi\}_r \end{Bmatrix} \quad r = 1, 2, \cdots, 2n \qquad (4.9\text{-}32)$$

所以

$$[\psi] = \begin{bmatrix} [\varphi] \\ [\varphi] \lceil \varLambda \rfloor \end{bmatrix} \qquad (4.9\text{-}33)$$

式中

$$[\varphi] = [\{\varphi\}_1 \cdots \{\varphi\}_n \{\varphi^*\}_1 \cdots \{\varphi^*\}_n] \qquad (4.9\text{-}34)$$

$\{\varphi\}_r$ 与坐标 $\{q\}$ 相联,称 $[\varphi]$ 为模态矩阵。特征值 λ_r 和 λ_r^* 可表示为

$$\lambda_r = - \sigma_r + \mathrm{j}\omega_{dr}, \lambda_r^* = - \sigma_r^* + \mathrm{j}\omega_{dr}^* \quad r = 1, 2, \cdots, n$$
$$(4.9\text{-}35)$$

采用与证明无阻尼系统特征向量正交性相同的方法,可以证明各特征向量的正交性关系为

$$\{\psi\}_s^T[A]\{\psi\}_r = 0, \{\psi\}_s^T[B]\{\psi\}_r = 0 \quad r \neq s \qquad (4.9\text{-}36)$$

$$\{\psi\}_r^T[A]\{\psi\}_r = a_r, \{\psi\}_r^T[B]\{\psi\}_r = b_r \quad r = s \qquad (4.9\text{-}37)$$

由式(4.9-36)和(4.9-37)得

$$\left.\begin{array}{c}[\phi]^T[A][\phi] = \lceil A \rfloor \\[2mm] [\phi]^T[B][\phi] = \lceil B \rfloor \end{array}\right\} \tag{4.9-38}$$

矩阵 $[A]$ 和 $[B]$ 为 $2n \times 2n$ 对角矩阵,根据方程(4.9-30),有

$$\lceil B \rfloor = - \lceil A \rfloor \lceil \Lambda \rfloor$$

即

$$\lceil \Lambda \rfloor = - \lceil A \rfloor^{-1} \lceil B \rfloor \tag{4.9-39}$$

或

$$\lambda_r = - \frac{b_r}{a_r} \quad r = 1, 2, \cdots, 2n \tag{4.9-40}$$

由关系式(4.9-32)、(4.9-38)和(4.9-39),考虑到矩阵 $[A]$ 和 $[B]$ 的组成,可得到系统模态矩阵之间的加权正交关系

$$\left.\begin{array}{c}[\varphi]^T[K][\varphi] - \lceil \Lambda \rfloor [\varphi]^T[M][\varphi] \lceil \Lambda \rfloor = \lceil B \rfloor \\[2mm] [\varphi]^T[C][\varphi] + [\varphi]^T[M][\varphi] \lceil \Lambda \rfloor + \lceil \Lambda \rfloor [\varphi]^T[M][\varphi] = \lceil A \rfloor \end{array}\right\}$$

$$\tag{4.9-41}$$

或

$$\left.\begin{array}{ll}\{\psi\}_s^T[(\lambda_s + \lambda_r)[M] + [C]]\{\psi\}_r = 0 & r \neq s \\[2mm] \{\psi\}_s^T(\lambda_s \lambda_r[M] - [K])\{\psi\}_r = 0 & r \neq s \\[2mm] \{\psi\}_r^T(2\lambda_r[M] + [C])\{\psi\}_r = a_r & r = s \\[2mm] \{\psi\}_r^T(\lambda_r^2[M] - [K])\{\psi\}_r = - b_r & r = s \end{array}\right\} \tag{4.9-42}$$

现在,让我们用模态分析方法来研究系统的自由振动和强迫振动。系统自由振动的状态方程为

$$[A]\{\dot{y}\} + [B]\{y\} = \{0\} \tag{4.9-43}$$

利用特征向量矩阵 $[\phi]$ 进行变换

$$\{y\} = [\phi]\{z\} \tag{4.9-44}$$

代入方程(4.9-43)并左乘 $[\phi]^T$,得

$$\lceil A \rfloor \{\dot{z}\} + \lceil B \rfloor \{z\} = \{0\} \tag{4.9-45}$$

即

$$a_r \dot{z}_r + b_r z = 0 \quad r = 1, 2, \cdots, 2n \tag{4.9-46}$$

或

$$\dot{z}_r - \lambda_r z_r = 0 \quad r = 1, 2, \cdots, 2n \tag{4.9-47}$$

方程的解为

$$z_r(t) = Z_{r0} e^{\lambda_r t} \quad r = 1, 2, \cdots, 2n \tag{4.9-48}$$

因此

$$\{y(t)\} = \begin{Bmatrix} \{q(t)\} \\ \{\dot{q}(t)\} \end{Bmatrix} = [\psi]\{z(t)\} = \sum_{r=1}^{2n} \{\psi\}_r z_r(t)$$

$$= \sum_{r=1}^{2n} \{\psi\}_r z_{r0} e^{\lambda_r t} \tag{4.9-49}$$

式中待定常数 $Z_{r0}, r = 1, 2, \cdots, 2n$，由初始条件 $\{y(0)\}$ 确定，有

$$\{z(0)\} = [\psi]^{-1}\{y(0)\} \tag{4.9-50}$$

自由振动的位移表达式，由式(4.9-49)和(4.9-32)得

$$\{q(t)\} = \sum_{r=1}^{2n} \{\varphi\}_r Z_{r0} e^{\lambda_r t} \tag{4.9-51}$$

系统强迫振动的状态方程为

$$[A]\{\dot{y}\} + [B]\{y\} = \{E(t)\} \tag{4.9-52}$$

进行式(4.9-44)的变换，利用正交性关系(4.9-38)，得

$$[\![A]\!]\{\dot{z}\} + [\![B]\!]\{z\} = \{N(t)\} \tag{4.9-53}$$

式中

$$\{N(t)\} = [\psi]^T \{E(t)\} \tag{4.9-54}$$

方程(4.9-53)也可表示为

$$a_r \dot{z}_r + b_r z_r = N_r(t) \quad r = 1, 2, \cdots, 2n \tag{4.9-55}$$

或

$$\dot{z}_r - \lambda_r z_r = \frac{N_r(t)}{a_r} \quad r = 1, 2, \cdots, 2n \tag{4.9-56}$$

方程(4.9-56)的特解为

$$z_r(t) = \frac{1}{a_r} \int_0^t N_r(\tau) \mathrm{e}^{\lambda_r(t-\tau)} \mathrm{d}\tau \quad r = 1, 2, \cdots, 2n \qquad (4.9\text{-}57)$$

式中

$$h_r(t) = \frac{1}{a_r} \mathrm{e}^{\lambda_r t} \quad r = 1, 2, \cdots, 2n \qquad (4.9\text{-}58)$$

是系统的脉冲响应函数。因而,方程(4.9-52)的特解为

$$\{y(t)\}_s = [\psi]\{z(t)\} = \sum_{r=1}^{2n} \{\psi\}_r z_r(t)$$

$$= \sum_{r=1}^{2n} \frac{\{\psi\}_r}{a_r} \int_0^t N_r(\tau) \mathrm{e}^{\lambda_r(t-\tau)} \mathrm{d}\tau \qquad (4.9\text{-}59)$$

系统特解的位移表达式为

$$\{q(t)\}_s = \sum_{r=1}^{2n} \frac{\{\varphi\}_r}{a_r} \int_0^t N_r(\tau) \mathrm{e}^{\lambda_r(t-\tau)} \mathrm{d}\tau \qquad (4.9\text{-}60)$$

方程(4.9-52)的通解为

$$\{y(t)\} = \sum_{r=1}^{2n} \{\psi\}_r \left[Z_{r0} \mathrm{e}^{\lambda_r t} + \frac{1}{a_r} \int_0^t N_r(\tau) \mathrm{e}^{\lambda_r(t-\tau)} \mathrm{d}\tau \right] \qquad (4.9\text{-}61)$$

位移表达式为

$$\{q(t)\} = \sum_{r=1}^{2n} \{\varphi\}_r \left[Z_{r0} \mathrm{e}^{\lambda_r t} + \frac{1}{a_r} \int_0^t N_r(\tau) \mathrm{e}^{\lambda_r(t-\tau)} \mathrm{d}\tau \right] \qquad (4.9\text{-}62)$$

由于

$$\{N(t)\} = [\psi]^T \{E(t)\} = \begin{bmatrix} [\varphi] \\ [\varphi] [\Lambda] \end{bmatrix}^T \left\{ \begin{matrix} \{F(t)\} \\ \{0\} \end{matrix} \right\}$$

$$= [\varphi]^T \{F(t)\} \qquad (4.9\text{-}63)$$

所以系统在受到初始条件$\{q(0)\} = \{q_0\}$, $\{\dot{q}(0)\} = \{\dot{q}_0\}$和外激励力$\{F(t)\}$作用时,运动的一般表达式为

$$\{q(t)\} = \sum_{r=1}^{2n} \{\varphi\}_r \left[Z_{r0} \mathrm{e}^{\lambda_r t} + \frac{\{\varphi\}_r^T}{a_r} \int_0^t F(\tau) \mathrm{e}^{\lambda_r(t-\tau)} \mathrm{d}\tau \right] \qquad (4.9\text{-}64)$$

习　　题

4-1　三个单摆由两个弹簧连接,如图题 4-1 所示。列出运动方程,并确定其固有频率和特征向量。

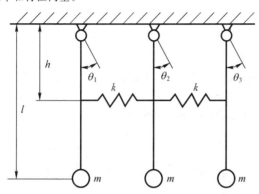

图题 4-1

4-2　有四个质量用三个弹簧连接起来,可以在 x 方向运动,如图题 4-2 所示。试列出运动方程,并确定其固有频率和特征向量。

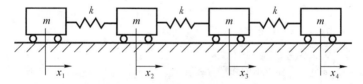

图题 4-2

4-3　图题 4-3 所示的简支梁,梁的弯曲刚度为 EI。试列出其运动方程,并确定其固有频率和特征向量。

4-4　一个无阻尼三自由度系统,运动方程为

$$\begin{bmatrix} 2 & 0 & 0 \\ 0 & 1 & 0 \\ 0 & 0 & 0 \end{bmatrix}\begin{Bmatrix} \ddot{x}_1 \\ \ddot{x}_2 \\ \ddot{x}_3 \end{Bmatrix} + \begin{bmatrix} 4 & -1 & 0 \\ -1 & 2 & -1 \\ 0 & -1 & 4 \end{bmatrix}\begin{Bmatrix} x_1 \\ x_2 \\ x_3 \end{Bmatrix} = \begin{Bmatrix} F_1(t) \\ F_2(t) \\ F_3(t) \end{Bmatrix}$$

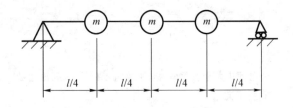

图题 4-3

1）确定频率方程和固有频率；

2）确定特征向量及模态矩阵；

3）证明模态矩阵与质量矩阵和刚度矩阵有正交关系；

4）列出无耦合运动方程。

4-5　一个无阻尼三自由度系统，运动方程为

$$\begin{bmatrix} 1 & 0 & 0 \\ 0 & 1 & 0 \\ 0 & 0 & 2 \end{bmatrix} \begin{Bmatrix} \ddot{x}_1 \\ \ddot{x}_2 \\ \ddot{x}_3 \end{Bmatrix} + \begin{bmatrix} -2 & -1 & 0 \\ -1 & 2 & -1 \\ 0 & -1 & 3 \end{bmatrix} \begin{Bmatrix} x_1 \\ x_2 \\ x_3 \end{Bmatrix} = \begin{Bmatrix} F_1(t) \\ F_2(t) \\ F_3(t) \end{Bmatrix}$$

完成习题 4-4 规定的任务。

4-6　一个无阻尼系统

$$\begin{bmatrix} 4 & 0 \\ 0 & 1 \end{bmatrix} \begin{Bmatrix} \ddot{x}_1 \\ \ddot{x}_2 \end{Bmatrix} + \begin{bmatrix} 24 & -4 \\ -4 & 6 \end{bmatrix} \begin{Bmatrix} x_1 \\ x_2 \end{Bmatrix} = \begin{Bmatrix} 8 \\ 0 \end{Bmatrix} \sin\omega t$$

1）确定特征方程 $|\lambda[I] - [H]| = 0$ 的特征值，式中 $[H] = [M]^{-1}[K]$ 为动力矩阵；

2）计算模态矩阵 $[u]$；

3）写出主坐标表示的无耦合方程；

4）证明：$[u]^{-1}[H][u] = [\Lambda]$；

5）对 $[u]$ 进行正则化，使质量矩阵 $[M]$ 为单位矩阵。

4-7　对无阻尼系统

$$\begin{bmatrix} 2 & 0 & 0 \\ 0 & 1 & 2 \\ 0 & 0 & 2 \end{bmatrix} \begin{Bmatrix} \ddot{x}_1 \\ \ddot{x}_2 \\ \ddot{x}_3 \end{Bmatrix} + \begin{bmatrix} -4 & -1 & 0 \\ -1 & 2 & -1 \\ 0 & -1 & 4 \end{bmatrix} \begin{Bmatrix} x_1 \\ x_2 \\ x_3 \end{Bmatrix} = \begin{Bmatrix} F_1(t) \\ F_2(t) \\ F_3(t) \end{Bmatrix}$$

完成习题 4-6 规定的任务。

4-8　质量 m 被三个弹簧支承在其平衡位置，如图题 4-8 所示。假定 m 在

平面内运动,m 的重量为 1.27N,$k_1 = 343$N/m,$k_2 = 857.5$N/m,$k_3 = 1200.5$N/m。

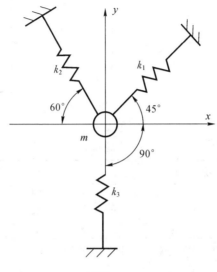

图题 4-8

1）确定固有频率；

2）确定固有模态的振动方向；

3）证明在特定情况下,固有模态在几何上也是正交的。

4-9   对于图题 4-9 所示的半确定系统,若 $J_1 = 0.98$kg·m²,$J_2 = J_3 = 2J_1$,$k_1 = 24.5 \times 10^3$N·m/rad,$k_2 = 2k_1$。试确定系统的固有频率和特征向量。

4-10   对于图题 4-9 的系统,假定 $J_1 = J_2 = 6$,$J_3 = 9$,$k_1 = k_2 = 18$,确定系统的模态矩阵。

4-11   对表题 4.1 中所列的半确定系统。

1）确定模态矩阵 $[u]$；

2）写出无耦合运动方程；

3）正规化 $[u]$,使质量矩阵为一单位矩阵；

4）以正则坐标表示无耦合方程。

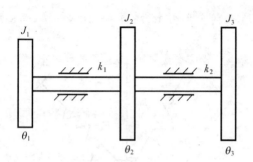

图题 4-9

表题 4.1

系 统	J_1	J_2	J_3	k_1	k_2
1	2	5	8	54	36
2	4	4	16	24	32
3	8	2	8	8	8

4-12　对习题 4-1 的系统,在初始条件为$\{\theta(0)\} = \begin{bmatrix} 0 & \Phi & 0 \end{bmatrix}^T,\{\theta(0)\}$
$= \{0\}$ 的作用下,试确定其自由振动。

4-13　对习题 4-9 的系统,若受到初始条件为

1) $\{\theta(0)\} = \{0\},\{\theta(0)\} = \begin{bmatrix} 0.1 & 0 & 0 \end{bmatrix}^T$;

2) $\{\theta(0)\} = \begin{bmatrix} 10 & 0 & 0 \end{bmatrix}^T,\{\theta(0)\} = \{0\}$。

的作用,试确定其自由振动。

4-14　计算习题 4-2 的系统在初始条件为$\{x(0)\} = \{0\},\{\dot{x}(0)\} =$
$\begin{bmatrix} v & 0 & 0 & v \end{bmatrix}^T$ 的作用下的自由振动。

4-15　对习题 4-6 的系统,根据下面的初始条件,确定其过渡过程的表达式。

1) $\{x(0)\} = \{0\},\{\dot{x}(0)\} = \{0\}$;

2) $\{x(0)\} = \begin{bmatrix} 1 & 0 \end{bmatrix}^T,\{\dot{x}(0)\} = \begin{bmatrix} 2 & 1 \end{bmatrix}^T$。

4-16　确定图题 4-16 系统的稳态响应。

4-17　假定在习题 4-16 的系统中,不是受到 $F\cos\omega t$ 的作用,而是基础有一个运动为 $x_g = d_1 t/t_1$。试确定系统的响应。

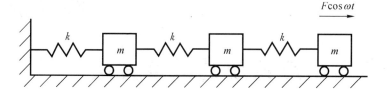

图题 4-16

4-18 对下面的有阻尼系统,确定其特征方程。

1) $\begin{bmatrix} 5 & 0 \\ 0 & 3 \end{bmatrix} \begin{Bmatrix} \ddot{x}_1 \\ \ddot{x}_2 \end{Bmatrix} \begin{bmatrix} 3 & -1 \\ -1 & 2 \end{bmatrix} \begin{Bmatrix} \dot{x}_1 \\ \dot{x}_2 \end{Bmatrix} + \begin{bmatrix} 15 & -6 \\ -6 & 8 \end{bmatrix} \begin{Bmatrix} x_1 \\ x_2 \end{Bmatrix} = \begin{Bmatrix} 0 \\ 0 \end{Bmatrix}$;

2) $\begin{bmatrix} 1 & 0 \\ 0 & 2 \end{bmatrix} \begin{Bmatrix} \ddot{x}_1 \\ \ddot{x}_2 \end{Bmatrix} + \begin{bmatrix} 0.4 & -0.2 \\ -0.2 & 0.2 \end{bmatrix} \begin{Bmatrix} \dot{x}_1 \\ \dot{x}_2 \end{Bmatrix}$

$+ \begin{bmatrix} 5 & -4 \\ -4 & 4 \end{bmatrix} \begin{Bmatrix} x_1 \\ x_2 \end{Bmatrix} = \begin{Bmatrix} 0 \\ 0 \end{Bmatrix}$。

第五章

多自由度系统的数值方法

有许多数值方法,可以使我们得到系统特征值和特征向量的近似值,这对解决许多工程问题是十分有用的。

第一节　Rayleigh 法

在第四章,我们列出了 n 自由度无阻尼系统特征值问题的方程

$$\lambda[M]\{u\} = [K]\{u\} \quad \lambda = \omega_n^2 \tag{5.1-1}$$

系统的特征值和特征向量为 $\lambda_r, \{\mu\}_r, r = 1, 2, \cdots, n$,它们满足方程 (5.1-1),即

$$\lambda_r[M]\{\mu\}_r = [K]\{\mu\}_r \qquad r = 1, 2, \cdots, n \tag{5.1-2}$$

方程(5.1-2)两边各左乘以 $\{\mu\}_r^{\mathrm{T}}$,并除以纯量 $\{\mu\}_r^{\mathrm{T}}[M]\{\mu\}_r$,得

$$\lambda_r = \omega_{nr}^2 = \frac{\{\mu\}_r^{\mathrm{T}}[K]\{\mu\}_r}{\{\mu\}_r^{\mathrm{T}}[M]\{\mu\}_r} \quad r = 1, 2, \cdots, n \tag{5.1-3}$$

方程表明,分子与第 r 阶固有模态的势能有关,分母与第 r 阶固有模态的动能有关。

如果有一任意的向量 $\{v\}$,令

$$\lambda_R = \omega_R^2 = R(v) = \frac{\{v\}^{\mathrm{T}}[K]\{v\}}{\{v\}^{\mathrm{T}}[M]\{v\}} \tag{5.1-4}$$

式中 $R(v)$ 是一个纯量,它不仅决定于矩阵 $[M]$ 和 $[K]$,而且还决

定于向量$\{v\}$。矩阵$[M]$和$[K]$反映系统的特性,而向量$\{v\}$是任意的。因此,对于给定的系统,$R(v)$只决定于向量$\{v\}$。纯量$R\{v\}$叫做 Rayleigh 商。显然,如果向量$\{v\}$与系统的特征向量$\{\mu\}_r$一致,则 Rayleigh 商就是其对应的λ_r。

系统的特征向量$\{\mu\}_r(r=1,2,\cdots,n)$,形成$n$维空间中一组线性独立的完备系。因而同一空间中的任一向量$\{v\}$,可用特征向量的线性组合来表示,即

$$\{v\} = \sum_{r=1}^{n} c_r\{\mu\}_r = [\mu]\{C\} \tag{5.1-5}$$

式中c_r是常数。把式(5.1-5)代入式(5.1-4),并考虑到

$$[\mu]^{\mathrm{T}}[M][\mu] = \lceil I \rfloor , \quad [\mu]^{\mathrm{T}}[K][\mu] = \lceil \Lambda \rfloor$$

有

$$R(v) = \frac{\{C\}^{\mathrm{T}}[\mu]^{\mathrm{T}}[K][\mu]\{C\}}{\{C\}^{\mathrm{T}}[\mu]^{\mathrm{T}}[M][\mu]\{C\}} = \frac{\{C\}^{\mathrm{T}}\lceil \Lambda \rfloor \{C\}}{\{C\}^{\mathrm{T}}\{C\}}$$

$$= \frac{\displaystyle\sum_{i=1}^{n}\lambda_i c_i^2}{\displaystyle\sum_{i=1}^{n} c_i^2} \tag{5.1-6}$$

方程(5.1-6)表明,$R(v)$是系统特征值λ_r,即系统固有频率平方$\omega_n^2(r=1,2,\cdots,n)$的加权平均值。如果任意向量$\{v\}$与系统的第$r$阶特征向量$\{\mu\}_r$很接近,这意味着系数$c_i(i \neq r)$与$c_r$相比较是很小的,则有

$$c_i = \varepsilon_i c_r \quad i=1,2,\cdots,n; i \neq r \tag{5.1-7}$$

式中$\varepsilon_i \ll 1$。方程(5.1-6)的分子和分母分别除以c_r^2,得

$$R(v) = \frac{\lambda_r + \displaystyle\sum_{i=1}^{n}(1-\delta_{ir})\lambda_i \varepsilon_i^2}{1 + \displaystyle\sum_{i=1}^{n}(1-\delta_{ir})\varepsilon_r^3}$$

$$\simeq \lambda_r + \sum_{i=1}^{n} (\lambda_i - \lambda_r)\varepsilon_i^2 \qquad (5.1\text{-}8)$$

式中

$$\delta_{ir} = \begin{cases} 0 & i \neq r \\ 1 & i = r \end{cases} \qquad (5.1\text{-}9)$$

方程(5.1-8)右边的级数是一个二阶小量。当向量$\{v\}$与$\{\mu\}_r$的误差为一阶时,Rayleigh 商与特征值 λ_r 的误差为二阶。这表明,Rayleigh 商在特征向量的邻域中有稳定的值。

通常,Rayleigh 法用于计算系统的基频或第一阶固有频率,即 $r = 1$。由方程(5.1-8)得

$$R(v) \simeq \lambda_1 + \sum_{i=1}^{n} (\lambda_i - \lambda_1)\varepsilon_i^2 \qquad (5.1\text{-}10)$$

由于$\lambda_i > \lambda_1 (i = 2, 3, \cdots, n)$,因而

$$R(v) \geqslant \lambda_1 \qquad (5.1\text{-}11)$$

只有当所有 $\varepsilon_i = 0$ 时,$R(v) = \lambda_1$。因此,Rayleigh 商大于系统的基频或第一阶固有频率的真实值。

只要我们构造的向量$\{v\}$,接近于要求的第 r 阶固有模态的特征向量$\{\mu\}_r$,就可以得到特征值 λ_r 的比较精确的近似值。

第二节   Dunkerley 法

n 自由度无阻尼系统的特征值问题,方程(5.1-1)可改写为

$$\omega_n^2[D][M]\{u\} = \{u\} \qquad (5.2\text{-}1)$$

或

$$\left([D][M] - \frac{1}{\omega_n^2}[I]\right)\{u\} = \{0\} \qquad (5.2\text{-}2)$$

式中$[D]$为系统的柔度矩阵。解方程(5.2-2)可得系统的特征值。为了说明 Dunkerley 法,让我们研究一个两自由度系统,其特征值

问题可表示为

$$\left\{ \begin{bmatrix} d_{11} & d_{12} \\ d_{21} & d_{22} \end{bmatrix} \begin{bmatrix} m_{11} & 0 \\ 0 & m_{22} \end{bmatrix} - \frac{1}{\omega_n^2} \begin{bmatrix} 1 & 0 \\ 0 & 1 \end{bmatrix} \right\} \begin{Bmatrix} u_1 \\ u_2 \end{Bmatrix} = \begin{Bmatrix} 0 \\ 0 \end{Bmatrix}$$

或

$$\begin{bmatrix} d_{11}m_{11} - \dfrac{1}{\omega_n^2} & d_{12}m_{22} \\ \\ d_{21}m_{11} & d_{22}m_{22} - \dfrac{1}{\omega_n^2} \end{bmatrix} \begin{Bmatrix} u_1 \\ u_2 \end{Bmatrix} = \begin{Bmatrix} 0 \\ 0 \end{Bmatrix} \qquad (5.2\text{-}3)$$

因而系统的特征方程为

$$\begin{vmatrix} d_{11}m_{11} - \dfrac{1}{\omega_n^2} & d_{12}m_{22} \\ \\ d_{21}m_{11} & d_{22}m_{22} - \dfrac{1}{\omega_n^2} \end{vmatrix} = 0$$

即

$$\left(\frac{1}{\omega_n^2}\right)^2 - (d_{11}m_{11} + d_{22}m_{22})\left(\frac{1}{\omega_n^2}\right) + m_{11}m_{22}(d_{11}d_{22} - d_{12}d_{21}) = 0$$

$$(5.2\text{-}4)$$

如果系统的固有频率为 ω_{n1} 和 ω_{n2},则系统的特征方程可表示为

$$\left(\frac{1}{\omega_n^2} - \frac{1}{\omega_{n1}^2}\right)\left(\frac{1}{\omega_n^2} - \frac{1}{\omega_{n2}}\right) = 0$$

即

$$\left(\frac{1}{\omega_n^2}\right)^2 - \left(\frac{1}{\omega_{n1}^2} + \frac{1}{\omega_{n2}^2}\right)\left(\frac{1}{\omega_n^2}\right) + \frac{1}{\omega_{n1}^2\omega_{n2}^2} = 0 \qquad (5.2\text{-}5)$$

对比方程(5.2-5)和(5.2-4),得

$$\frac{1}{\omega_{n1}^2} + \frac{1}{\omega_{n2}^2} = d_{11}m_{11} + d_{22}m_{22}$$

令 $d_{ii}m_{ii} = 1/\omega_{ii}^2$,$\omega_{ii}$ 为只保留质量 m_{ii} 和弹簧 d_{ii} 而不计其余质量和弹簧所组成的假想系统的频率。对于前述两自由度系统有

$$\sum_{i=1}^{2} \frac{1}{\omega_{ni}^2} = \sum_{i=1}^{2} \frac{1}{\omega_{ii}^2}$$

可以证明,对于 n 自由度系统有

$$\sum_{i=1}^{n} \frac{1}{\omega_{ni}^2} = \sum_{i=1}^{n} \frac{1}{\omega_{ii}^2} \tag{5.2-6}$$

ω_{n1} 是系统的基频,则 $1/\omega_{n1}^2$ 是方程(5.2-6)左边最大的项,于是,式(5.2-6)可近似地表示为

$$\frac{1}{\omega_{n1}^2} \approx \frac{1}{\omega_{11}^2} + \cdots + \frac{1}{\omega_{nn}^2} \tag{5.2-7}$$

这就是 Dunkerley 公式,可用以确定系统基频的近似值。显然,由式(5.2-7)得到的 $1/\omega_{n1}^2$ 大于它的真实值。因此,Dunkerley 法给出的 ω_{n1} 值比其真实值小。而 Rayleigh 法给出的 ω_{n1} 值比其真实值大。为了改进 Dunkerley 法,有人建议用下面的公式[①]

$$\frac{1}{\omega_{n1}^a} = \frac{1}{\omega_{11}^a} + \cdots + \frac{1}{\omega_{nn}^a} \tag{5.2-8}$$

式中的指数 α 取

$$\alpha = 2 + \frac{1}{\sqrt{n}} \tag{5.2-9}$$

或更精确地取[②]

$$\alpha = 2 + \frac{4\ln \frac{\pi}{2\sqrt{2}}}{\ln n} \tag{5.2-10}$$

例 质量为 m_1、长为 l 的均质悬臂梁,其端部有集中质量 m(图 5.2-1)。试确定系统第一阶固有频率。假设梁的弯曲刚度为 EI。

解 对于端部带有集中质量 m,而略去梁本身质量的悬臂

① Krishnan A, Justine T. *Journal of Sound and Vibration*, Vol. 67, No. 3, 1979, pp436 ~ 438
② 张文. Dunkerley 公式的改进. 振动与动态测试, 1982, No. 2, pp40 ~ 40

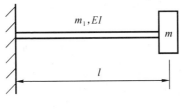

图 5.2-1

梁,其固有频率为

$$\omega_{11}^2 = \frac{3EI}{ml^3}$$

均质悬臂梁的固有频率(第一阶)为

$$\omega_{22}^2 = 12.7 \frac{EI}{m_1 l^3}$$

因此,系统第一阶固有频率的近似值为

$$\frac{1}{\omega_{n1}^2} \approx \frac{ml^3}{3EI} + \frac{m_1 l^3}{12.7EI} = \frac{l^3}{127EI}(42.3m + 10m_1)$$

若 $m_1 = m$,则

$$\frac{1}{\omega_{n1}^2} \approx 0.412 \frac{ml^3}{EI}$$

$$\omega_{n1} \approx 1.56 \sqrt{EI/ml^3}$$

第三节   矩阵迭代法

n 自由度无阻尼系统特征值问题的方程(5.1-1)还可表示为

$$\lambda\{u\} = [H]\{u\} \qquad (5.3-1)$$

或

$$\frac{1}{\lambda}\{u\} = [G]\{u\} \qquad (5.3-2)$$

式中 $[H] = [M]^{-1}[K]$,$[G] = [K]^{-1}[M] = [D][M]$,叫做动力

矩阵。为了求得系统的特征值和特征向量,可利用式(5.3-2)通过迭代得到。

假定有一个向量$\{v\}_1$,它不是系统的特征向量$\{u\}$。$\{v\}_1$左乘以矩阵$[G]$,其结果不会满足方程(5.3-2)。而是进行了变换,得到了向量$\{v\}_2$,它一般不是向量$\{v\}_1$。由方程(5.1-5),$\{v\}_1$可表示为

$$\{v\}_1 = \sum_{r=1}^{n} c_r \{u\}_r \tag{5.3-3}$$

向量$\{v\}_1$左乘以矩阵$[G]$,得

$$\{v\}_2 = [G]\{v\}_1 = \sum_{r=1}^{n} c_r [G]\{u\}_r = \frac{1}{\lambda_1} \sum_{r=1}^{n} \frac{\lambda_1}{\lambda_r} \{u\}_r$$

$$\tag{5.3-4}$$

式中$\lambda_1 = \omega_{n1}^2$是系统第一阶特征值,有$\lambda_1 < \lambda_2 < \cdots < \lambda_n$。因而$\lambda_1/\lambda_r < 1 (r = 2, 3, \cdots, n)$,且随着$r$的增加而减少。与$\{v\}_1$相比较,高阶固有模态在$\{v\}_2$中的作用在减少。如果$\{v\}_1$是我们为了得到系统的特征向量$\{u\}_1$而构造的试探向量,则$\{v\}_2$可以认为是$\{v\}_1$的一个改进。为了改进$\{v\}_2$,令

$$\{v\}_3 = \lambda_1 [G]\{v\}_2 = \lambda_1 [G]^2 \{v\}_1 = \sum_{r=1}^{n} c_r \frac{\lambda_1}{\lambda_r} [G]\{u\}_r$$

$$= \frac{1}{\lambda_1} \sum_{r=1}^{n} c_r \left(\frac{\lambda_1}{\lambda_r} \right)^2 \{u\}_r \tag{5.3-5}$$

显然,$\{v\}_3$是比$\{v\}_2$和$\{v\}_1$更好的试探向量。重复这个过程,有

$$\{v\}_s = \lambda_1 [G]\{v\}_{s-1} = \lambda_1^{s-2} [G]^{s-1} \{v\}_1$$

$$= \frac{1}{\lambda_1} \sum_{r=1}^{n} c_r \left(\frac{\lambda_1}{\lambda_r} \right)^{s-1} \{u\}_r \tag{5.3-6}$$

如果迭代次数s有足够的大,由于

$$\lim_{s \to \infty} \lambda_1 \{v\}_s = \lim_{s \to \infty} \lambda_1^2 [G]\{v\}_{s-1} = \lim_{s \to \infty} \sum_{r=1}^{n} c_r \left(\frac{\lambda_1}{\lambda_r} \right)^{s-1} \{u\}_r$$

$$= c_1 \{u\}_1 \tag{5.3-7}$$

方程(5.3-7)表明,当整数 s 足够大时,级数(5.3-6)的第一项是决定性的,级数将收敛于 $c_1\{u\}_1$。$\{v\}_s$ 和 $\{v\}_{s-1}$ 都可以认为是 $\{u\}_1$,满足方程(5.3-2)。$\{v\}_s$ 和 $\{v\}_{s-1}$ 相互成比例,比例常数为 $1/\lambda_1$。

如何得到高阶固有模态的特征值和特征向量?由变换 $\{q\} = [u]\{p\}$,或 $\{p\} = [u]^{-1}\{q\}$ 可以得到主坐标 $\{p\}$ 与广义坐标 $\{q\}$ 的关系,即

$$p_i = \sum_{j=1}^{n} n_{ij}q_j \qquad i = 1,2,\cdots,n \qquad (5.3-8)$$

式中 n_{ij} 为矩阵 $[u]^{-1}$ 的元素。如果能从系统特征值问题的方程(5.3-2)中消去第一阶固有模态的影响,那么,通过迭代得到的将是第二阶固有模态的特征值和特征向量。消去第一阶固有模态的影响,就是使第一阶主坐标 $p_1 = 0$。由方程(5.3-8)得

$$p_1 = n_{11}q_1 + n_{12}q_2 + \cdots + n_{1n}q_n = 0 \qquad (5.3-9)$$

为了便于说明问题,让我们以一个三自由度系统为例来进行讨论。这时,方程(5.3-9)可表示为

$$n_{11}q_1 + n_{12}q_2 + n_{13}q_3 = 0$$
$$q_2 = q_2, \quad q_3 = q_3$$

组合起来,写成矩阵的形式为

$$\begin{bmatrix} n_{11} & n_{12} & n_{13} \\ 0 & 1 & 0 \\ 0 & 0 & 1 \end{bmatrix} \begin{Bmatrix} q_1 \\ q_2 \\ q_3 \end{Bmatrix} = \begin{bmatrix} 0 & 0 & 0 \\ 0 & 1 & 0 \\ 0 & 0 & 1 \end{bmatrix} \begin{Bmatrix} q_1 \\ q_2 \\ q_3 \end{Bmatrix}$$

可变换为

$$\begin{Bmatrix} q_1 \\ q_2 \\ q_3 \end{Bmatrix} = \begin{bmatrix} n_{11} & n_{12} & n_{13} \\ 0 & 1 & 0 \\ 0 & 0 & 1 \end{bmatrix}^{-1} \begin{bmatrix} 0 & 0 & 0 \\ 0 & 1 & 0 \\ 0 & 0 & 1 \end{bmatrix} \begin{Bmatrix} q_1 \\ q_2 \\ q_3 \end{Bmatrix}$$

或

$$\{q\} = [n]_1\{q\} \qquad (5.3-10)$$

式中

$$[n]_1 = \begin{bmatrix} n_{11} & n_{12} & n_{13} \\ 0 & 1 & 0 \\ 0 & 0 & 1 \end{bmatrix}^{-1} \begin{bmatrix} 0 & 0 & 0 \\ 0 & 1 & 0 \\ 0 & 0 & 1 \end{bmatrix} \qquad (5.3\text{-}11)$$

令

$$[G]_1 = [G][n]_1 \qquad (5.3\text{-}12)$$

这时,由于矩阵$[G]$已被矩阵$[n]_1$修改,第一阶固有模态已被消除。把矩阵$[G]_1$代入方程(5.3-2),进行迭代,就可以得到第二阶固有模态的特征值和特征向量。

然而,方程(5.3-9)中的$n_{1j}(j=1,2,\cdots,n)$不可能直接由矩阵$[u]$来确定。因为除$\{u\}_1$以外,振型矩阵$[u]$中的其他列向量仍是未知的。为了得到$n_{1j}(j=1,2,\cdots,n)$,利用特征向量的正交性关系

$$[u]^{\mathrm{T}}[M][u] = \lceil\mathrm{M}\rfloor$$

可得

$$\lceil\mathrm{M}\rfloor^{-1}[u]^T[M][u] = [\mathrm{I}]$$

方程右乘以$[u]^{-1}$,得

$$\lceil\mathrm{M}\rfloor^{-1}[u]^T[M] = [u]^{-1} \qquad (5.3\text{-}13)$$

由于矩阵$[M]$为对角阵,方程(5.3-13)的第一行为

$$\begin{bmatrix} n_{11} & n_{12} & \cdots & n_{1n} \end{bmatrix} = 常数 \times \{u\}_1^{\mathrm{T}}[M] \qquad (5.3\text{-}14)$$

因而,矩阵$[n]_1$可以建立。

为了得到第三阶和更高阶固有模态的特征值和特征向量,可用类似的方法,依次建立起相应的矩阵$[n]_2,[n]_3,\cdots$,得到修改后的$[G]_2,[G]_3,\cdots$,依次代入方程(5.3-2)进行迭代。

例 有一个三自由度系统,运动方程为

$$\begin{bmatrix} m & 0 & 0 \\ 0 & m & 0 \\ 0 & 0 & m \end{bmatrix} \begin{Bmatrix} \ddot{x}_1 \\ \ddot{x}_2 \\ \ddot{x}_3 \end{Bmatrix} + \begin{bmatrix} 3k & -k & 0 \\ -k & 2k & -k \\ 0 & -k & 3k \end{bmatrix} \begin{Bmatrix} x_1 \\ x_2 \\ x_3 \end{Bmatrix} = \begin{Bmatrix} 0 \\ 0 \\ 0 \end{Bmatrix}$$

确定其固有频率和特征向量。

解　系统的动力矩阵

$$[G] = [K]^{-1}[M] = \frac{m}{12k} \begin{bmatrix} 5 & 3 & 1 \\ 3 & 9 & 3 \\ 1 & 3 & 5 \end{bmatrix}$$

为计算方便,暂去掉矩阵前的系数 $m/12k$。令

$$[G] = \begin{bmatrix} 5 & 3 & 1 \\ 3 & 9 & 3 \\ 1 & 3 & 5 \end{bmatrix}$$

先假定一任意向量 $\{v\}_1 = \begin{bmatrix} 1 & 1 & 1 \end{bmatrix}^T$,开始迭代。由方程(5.3-4)得

$$\{v\}_2 = [G]\{v\}_1 = \begin{bmatrix} 5 & 3 & 1 \\ 3 & 9 & 3 \\ 1 & 3 & 5 \end{bmatrix} \begin{Bmatrix} 1 \\ 1 \\ 1 \end{Bmatrix} = \begin{Bmatrix} 9 \\ 15 \\ 9 \end{Bmatrix} = 9 \begin{Bmatrix} 1.00 \\ 1.67 \\ 1.00 \end{Bmatrix}$$

按照规则,乘以 λ_1,即乘以 $1/9$,实际上就是除去常数 9。继续进行迭代,得

$$\{v\}_3 = [G]\{v\}_2 = \begin{bmatrix} 5 & 3 & 1 \\ 3 & 9 & 3 \\ 1 & 3 & 5 \end{bmatrix} \begin{Bmatrix} 1.00 \\ 1.67 \\ 1.00 \end{Bmatrix} = \begin{Bmatrix} 11 \\ 21 \\ 11 \end{Bmatrix} = 11 \begin{Bmatrix} 1.00 \\ 1.91 \\ 1.00 \end{Bmatrix}$$

去掉常数 11,第四次和第五次迭代结果为

$$\{v\}_4 = 11.98 \begin{Bmatrix} 1.00 \\ 2.00 \\ 1.00 \end{Bmatrix}, \quad \{v\}_5 = 12.0 \begin{Bmatrix} 1.0 \\ 2.0 \\ 1.0 \end{Bmatrix}$$

我们取 $\{u\}_1 = \begin{bmatrix} 1 & 2 & 1 \end{bmatrix}^T$ 和 $1/\lambda_1 = 12$。考虑到矩阵 $[G]$ 前的系数 $m/12k$,则系统第一阶特征值为

$$\lambda_1 = \frac{12k}{12m} = \frac{k}{m}$$

即

$$\omega_{n1}^2 = \frac{k}{m}$$

为了得到第二阶固有模态，应消去第一阶固有模态。为此，由方程(5.3-14) 得

$$[n_{11} \quad n_{12} \quad n_{13}] = [1 \quad 2 \quad 1]\begin{bmatrix} m & 0 & 0 \\ 0 & m & 0 \\ 0 & 0 & m \end{bmatrix} = m[1 \quad 2 \quad 1]$$

去掉公因子 m，我们建立起矩阵 $[n]_1$，为

$$[n]_1 = \begin{bmatrix} 1 & 2 & 1 \\ 0 & 1 & 0 \\ 0 & 0 & 1 \end{bmatrix}^{-1} \begin{bmatrix} 0 & 0 & 0 \\ 0 & 1 & 0 \\ 0 & 0 & 1 \end{bmatrix} = \begin{bmatrix} 0 & -2 & -1 \\ 0 & 1 & 0 \\ 0 & 0 & 1 \end{bmatrix}$$

由方程(5.3-12)，得

$$[G]_1 = [G][n]_1 = \begin{bmatrix} 5 & 3 & 1 \\ 3 & 9 & 3 \\ 1 & 3 & 5 \end{bmatrix} \begin{bmatrix} 0 & -2 & -1 \\ 0 & 1 & 0 \\ 0 & 0 & 1 \end{bmatrix}$$

$$= \begin{bmatrix} 0 & -7 & -4 \\ 0 & 3 & 0 \\ 0 & 1 & 4 \end{bmatrix}$$

为了确定第二阶固有模态，假定 $\{v\}_1 = [1 \quad 1 \quad 1]^T$，并根据 $[G]_1$ 进行迭代。迭代十四次后，得

$$\{u\}_2 = [-1 \quad 0 \quad 1]^T$$

和

$$\lambda_2 = \omega_{n2}^2 = \frac{3k}{m}$$

为了计算第三阶固有模态，要消去第一和第二阶固有模态，因此有 $p_1 = 0, p_2 = 0$。由方程(5.3-14)得 $[n_{11} \quad n_{12} \quad n_{13}]$ 和 $[n_{21} \quad n_{22} \quad n_{23}]$。于是，矩阵 $[n]_2$ 有

$$[n]_2 = \begin{bmatrix} 1 & 2 & 1 \\ -1 & 0 & 1 \\ 0 & 0 & 1 \end{bmatrix}^{-1} \begin{bmatrix} 0 & 0 & 0 \\ 0 & 0 & 0 \\ 0 & 0 & 1 \end{bmatrix} = \begin{bmatrix} 0 & 0 & 1 \\ 0 & 0 & -1 \\ 0 & 0 & 1 \end{bmatrix}$$

从而得

$$[G]_2 = [G]_1[n]_2 = \begin{bmatrix} 0 & -7 & -4 \\ 0 & 3 & 0 \\ 0 & 1 & 4 \end{bmatrix} \begin{bmatrix} 0 & 0 & 1 \\ 0 & 0 & -1 \\ 0 & 0 & 1 \end{bmatrix}$$

$$= \begin{bmatrix} 0 & 0 & 3 \\ 0 & 0 & -3 \\ 0 & 0 & 3 \end{bmatrix}$$

假定向量 $\{v\}_1 = \begin{bmatrix} 1 & 1 & 1 \end{bmatrix}^T$，并根据 $[G]_2$ 进行迭代。经过两次迭代后，得

$$\{u\}_2 = \begin{bmatrix} 1 & -1 & 1 \end{bmatrix}^T$$

和

$$\lambda_3 = \omega_{n3}^2 = \frac{4k}{m}$$

最后得到

$$\omega_{n1} = \sqrt{k/m}, \quad \omega_{n2} = \sqrt{3k/m}, \quad \omega_{n3} = 2\sqrt{k/m}。$$

和

$$[u] = \begin{bmatrix} 1 & 1 & 1 \\ 2 & 0 & -1 \\ 1 & -1 & 1 \end{bmatrix}$$

第四节　传递矩阵法

在传递矩阵法中，系统被假定为由许多点质量和无质量的弹簧所组成。图 5.4-1 是系统的一部分。质量 m_n 和弹簧 k_n 组成一个分段。把质量 m_n 分离出来（图 5.4-2），其位移为 x_n，所受到的作用力为 F_n。上标 L 和 R 表示其左边或右边的位移或作用。由于质量 m_n 是刚体，所以

$$x_n^R = x_n^L = x_n \qquad\qquad (5.4\text{-}1)$$

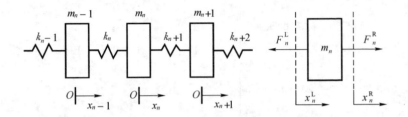

图 5.4-1   图 5.4-2

因而其运动方程为

$$m_n \ddot{x}_n = F_n^R - F_n^L \tag{5.4-2}$$

假定质量 m_n 作频率为 ω 的简谐振动,其加速度为

$$\ddot{x}_n = -\omega^2 x_n \tag{5.4-3}$$

由方程(5.4-1)和(5.4-3),方程(5.4-2)可改写为

$$F_n^R = F_n^L - \omega^2 m_n x_n^L \tag{5.4-4}$$

把方程(5.4-1)和(5.4-4)组合起来,写成矩阵的形式

$$\left\{ \begin{matrix} x \\ F \end{matrix} \right\}_n^R = \begin{bmatrix} 1 & 0 \\ -\omega^2 m & 1 \end{bmatrix}_n \left\{ \begin{matrix} x \\ F \end{matrix} \right\}_n^L \tag{5.4-5}$$

向量 $[x \quad F]^T$ 叫做状态向量,矩阵

$$[P] = \begin{bmatrix} 1 & 0 \\ -\omega^2 m & 1 \end{bmatrix}$$

叫做点传递矩阵。点传递矩阵把质量
两边的状态向量联系起来。

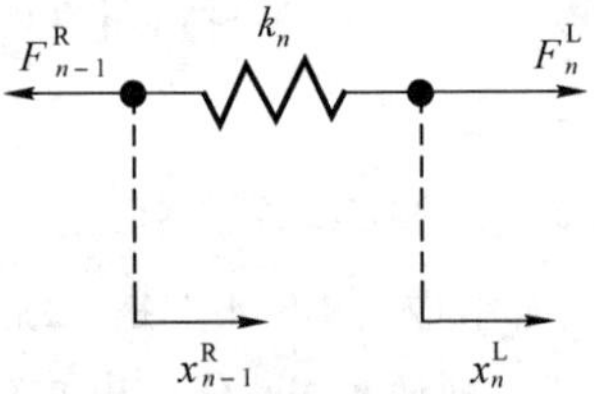

再把弹簧 k_n 分离出来(图
5.4-3)。由于假定弹簧为无质量的弹
簧,其两边的力应相等。即

$$F_n^L = F_{n-1}^R \tag{5.4-6}$$

且

图 5.4-3

$$F_n^L = k_n(x_n^L - x_{n-1}^R) = F_{n-1}^R$$

即

$$x_n^L = x_{n-1}^R + \frac{F_{n-1}^n}{k_n}$$

(5.4-7)

由方程(5.4-6)和(5.4-7)得

$$\left\{ \begin{matrix} x \\ F \end{matrix} \right\}_n^L = \begin{bmatrix} 1 & 1/k \\ 0 & 1 \end{bmatrix}_n \left\{ \begin{matrix} x \\ F \end{matrix} \right\}_{n-1}^R$$

(5.4-8)

矩阵

$$[F] = \begin{bmatrix} 1 & 1/k \\ 0 & 1 \end{bmatrix}$$

叫做场传递矩阵。场传递矩阵把弹簧两边的状态向量联系起来。把方程(5.4-8)代入方程(5.4-5),得

$$\left\{ \begin{matrix} x \\ F \end{matrix} \right\}_n^R = \begin{bmatrix} 1 & 0 \\ -\omega^2 m & 1 \end{bmatrix}_n \begin{bmatrix} 1 & 1/k \\ 0 & 1 \end{bmatrix} \left\{ \begin{matrix} x \\ F \end{matrix} \right\}_{n-1}^R$$

(5.4-9)

即

$$\left\{ \begin{matrix} x \\ F \end{matrix} \right\}_n^R = \begin{bmatrix} 1 & 1/k \\ -\omega^2 m & 1 - \omega m/k \end{bmatrix}_n \left\{ \begin{matrix} x \\ F \end{matrix} \right\}_{n-1}^R$$

(5.4-10)

方程(5.4-10)把位置 n 和 $n-1$ 的右边的状态向量直接联系起来。写成简明的形式,有

$$\{z\}_n^R = [H]_n \{z\}_{n-1}^R$$

(5.4-11)

式中

$$\{z\} = \left\{ \begin{matrix} x \\ F \end{matrix} \right\}, \quad [H] = \begin{bmatrix} 1 & 1/k \\ -\omega^2 m & 1 - \omega^2 m/k \end{bmatrix}$$

(5.4-12)

矩阵 $[H]$ 叫做分段的传递矩阵,它把一个位置的状态向量变换为另一个位置的状态向量。

一个复杂的或连续的系统,可以被划分成有限个单元或分段,可以利用传递矩阵法求得系统的各阶固有频率和特征向量。通过递推,我们可以得到系统某一位置 n 的状态向量与边界处状态向量的关系。

例1 确定图 5.4-4 单自由度系统的固有频率。

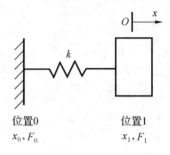

位置0　　　　　位置1
x_0, F_0　　　　x_1, F_1

图 5.4-4

解　在位置 0 处的状态向量,由于边界为固定端,有

$$\begin{Bmatrix} 0 \\ F \end{Bmatrix}_0^R$$

由方程(5.4-10)得位置 1 处的状态向量

$$\begin{Bmatrix} x \\ F \end{Bmatrix}_1^R = \begin{bmatrix} 1 & 1/k \\ -\omega^2 m & 1 - \omega^2 m/k \end{bmatrix} \begin{Bmatrix} 0 \\ F \end{Bmatrix}_0^R = \begin{Bmatrix} F_0/k \\ (1 - \omega^2 m/k)F_0 \end{Bmatrix}$$

位置 1 是自由端,$F_1^R = 0$。从上式得

$$1 - \omega^2 m/k = 0, \text{ 或 } \omega = \sqrt{k/m}。$$

例2　确定图 5.4-5 系统的固有频率和特征向量。假定 $m = 1, k = 1$。

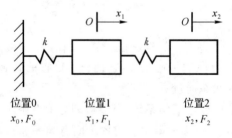

位置0　　　　　位置1　　　　　位置2
x_0, F_0　　　　x_1, F_1　　　　x_2, F_2

图 5.4-5

解　位置 0 到位置 1 分段的传递矩阵为

$$[H]_1 = \begin{bmatrix} 1 & 1 \\ -\omega^2 & 1-\omega^2 \end{bmatrix}_1$$

位置 0 至位置 1 状态向量的表达式

$$\left\{ \begin{array}{c} x \\ F \end{array} \right\}_1^R = \begin{bmatrix} 1 & 1 \\ -\omega^2 & 1-\omega^2 \end{bmatrix} \left\{ \begin{array}{c} x \\ F \end{array} \right\}_0^R$$

我们将通过迭代来确定 ω_{n1} 和 $\{u\}_1$。根据位置 0 处的边界条件,其状态向量可表示为

$$\left\{ \begin{array}{c} 0 \\ 1 \end{array} \right\}_0^R$$

为进行迭代,假定 $\omega^2 = 0$,则传递矩阵为

$$[H]_1 = \begin{bmatrix} 1 & 1 \\ 0 & 1 \end{bmatrix}_1$$

因而得位置 1 的状态向量为

$$\left\{ \begin{array}{c} x \\ F \end{array} \right\}_1^R = \begin{bmatrix} 1 & 1 \\ 0 & 1 \end{bmatrix}_1 \left\{ \begin{array}{c} 0 \\ 1 \end{array} \right\}_0^R = \left\{ \begin{array}{c} 1 \\ 1 \end{array} \right\}$$

位置 1 到位置 2 的传递矩阵 $[H]_2$ 与 $[H]_1$ 相同。由

$$\left\{ \begin{array}{c} x \\ F \end{array} \right\}_2^R = \begin{bmatrix} 1 & 1 \\ 0 & 1 \end{bmatrix}_2 \left\{ \begin{array}{c} x \\ F \end{array} \right\}_1^R$$

得

$$\left\{ \begin{array}{c} x \\ F \end{array} \right\}_2^R = \begin{bmatrix} 1 & 1 \\ 0 & 1 \end{bmatrix}_2 \left\{ \begin{array}{c} 1 \\ 1 \end{array} \right\} = \left\{ \begin{array}{c} 2 \\ 1 \end{array} \right\}$$

若对 x_2 归一,则 $F_2 = 1/2$。但是,位置 2 是自由端,有 $F_2^R = 0$。因而 $\omega = 0$ 不是 ω_{n1} 的精确值。进行第二次试探,令 $\omega^2 = 0.5$,这时传递矩阵

$$[H]_1 = [H]_2 = \begin{bmatrix} 1 & 1 \\ -\dfrac{1}{2} & \dfrac{1}{2} \end{bmatrix}$$

通过计算可得,$F_2^R = -\dfrac{1}{6} = -0.166$。$\omega^2 = 0.5$ 也不是 ω_{n1}^2 的精确

值。

以上结果表明，ω_{n1}^2 在 0 到 0.5 之间。假定 $\omega^2 = 1/3$，则传递矩阵为

$$[H]_1 = [H]_2 = \begin{bmatrix} 1 & 1 \\ -\dfrac{1}{3} & \dfrac{2}{3} \end{bmatrix}$$

从而有 $F_2^{R} = 0.066$。由图 5.4-6 可见，对于 $F_2^{R} = 0$，有 $\omega^2 = 0.382$。这时

$$[H]_1 = [H]_2 = \begin{bmatrix} 1 & 1 \\ -0.382 & 0.618 \end{bmatrix}$$

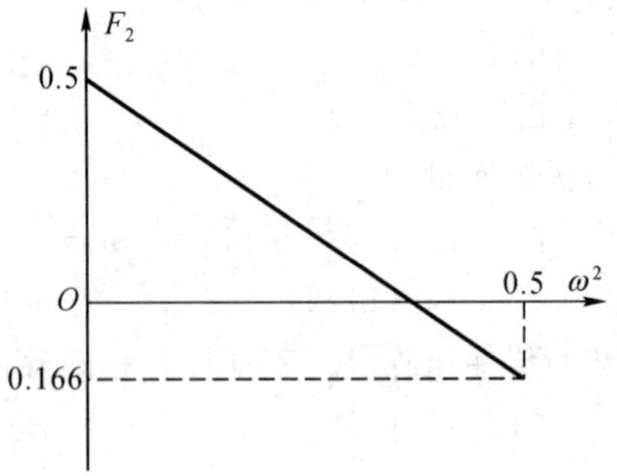

图 5.4-6

从而得

$$\begin{Bmatrix} x \\ F \end{Bmatrix}_1^{R} = \begin{bmatrix} 1 & 1 \\ -0.382 & 0.618 \end{bmatrix}_1 \begin{Bmatrix} x \\ F \end{Bmatrix}_0^{R}$$

$$= \begin{bmatrix} 1 & 1 \\ -0.382 & 0.618 \end{bmatrix}_1 \begin{Bmatrix} 0 \\ 1 \end{Bmatrix}_1^{R} = \begin{Bmatrix} 1 \\ 0.618 \end{Bmatrix}$$

$$\begin{Bmatrix} x \\ F \end{Bmatrix}_2^{R} = \begin{bmatrix} 1 & 1 \\ -0.382 & 0.618 \end{bmatrix}_2 \begin{Bmatrix} x \\ F \end{Bmatrix}_1^{R}$$

$$= \begin{bmatrix} 1 & 1 \\ -0.382 & 0.618 \end{bmatrix}_2 \begin{Bmatrix} 1 \\ 0.618 \end{Bmatrix}_1^{R} = \begin{Bmatrix} 1.618 \\ 0 \end{Bmatrix}$$

由 $F_2^{\mathrm{R}} = 0$ 表明，$\omega^2 = 0.382$ 是系统固有频率 ω_{n1}^2 的值，而对应的特征向量为

$$\{u\}_1 = \begin{bmatrix} x_1 & x_2 \end{bmatrix}^{\mathrm{T}} = \begin{bmatrix} 1 & 1.618 \end{bmatrix}$$

对于第二阶固有模态，也应满足边界条件，通过迭代可以确定 ω_{n2} 和 $\{u\}_2$。假定，通过几次迭代后，我们把 $\omega^2 = 2.618$ 代入传递矩阵，得

$$[H]_1 = [H]_2 = \begin{bmatrix} 1 & 1 \\ -2.618 & -1.618 \end{bmatrix}$$

由

$$\begin{Bmatrix} x \\ F \end{Bmatrix}_0^{\mathrm{R}} = \begin{Bmatrix} 0 \\ 1 \end{Bmatrix}$$

开始计算，有

$$\begin{Bmatrix} x \\ F \end{Bmatrix}_1^{\mathrm{R}} = \begin{bmatrix} 1 & 1 \\ -2.618 & -1.618 \end{bmatrix}_1 \begin{Bmatrix} 0 \\ 1 \end{Bmatrix}_0^{\mathrm{R}} = \begin{Bmatrix} 1 \\ -1.618 \end{Bmatrix}$$

$$\begin{Bmatrix} x \\ F \end{Bmatrix}_2^{\mathrm{R}} = \begin{bmatrix} 1 & 1 \\ -2.618 & -1.618 \end{bmatrix}_2 \begin{Bmatrix} 1 \\ -1.618 \end{Bmatrix}_1^{\mathrm{R}} = \begin{Bmatrix} -0.618 \\ 0 \end{Bmatrix}$$

因为 $F_2^{\mathrm{R}} = 0$，这表明 $\omega_{n2}^2 = 2.618$。而

$$\{u\}_2 = \begin{bmatrix} x_1 & x_2 \end{bmatrix}^{\mathrm{T}} = \begin{bmatrix} 1 & -0.618 \end{bmatrix}^{\mathrm{T}}$$

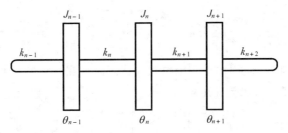

图 5.4-7

对于扭转系统(图 5.4-7)，质量 J_n 和弹簧 k_n 组成分段。把质量 J_n 和弹簧 k_n 分别从系统中分离出来(图 5.4-8)。由图 5.4-8 可分别

得到

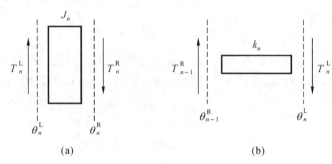

(a)   (b)

图 5.4-8

$$\left\{\begin{matrix}\theta\\T\end{matrix}\right\}_n^R = \begin{bmatrix}1 & 0\\-\omega^2 J & 1\end{bmatrix}_n \left\{\begin{matrix}\theta\\T\end{matrix}\right\}_n^L \qquad (5.4\text{-}13)$$

和

$$\left\{\begin{matrix}\theta\\T\end{matrix}\right\}_n^L = \begin{bmatrix}1 & 1/k\\0 & 1\end{bmatrix}_n \left\{\begin{matrix}\theta\\T\end{matrix}\right\}_{n-1}^R \qquad (5.4\text{-}14)$$

式中

$$[P] = \begin{bmatrix}1 & 0\\-\omega^2 J & 1\end{bmatrix} \qquad (5.4\text{-}15)$$

为点传递矩阵，而

$$[F] = \begin{bmatrix}1 & 1/k\\0 & 1\end{bmatrix} \qquad (5.4\text{-}16)$$

是 场传递矩阵。因而把一个位置的状态向量变换到另一个位置的状态向量的分段传递矩阵为

$$[H] = \begin{bmatrix}1 & 0\\-\omega^2 J & 1\end{bmatrix}\begin{bmatrix}1 & 1/k\\0 & 1\end{bmatrix} = \begin{bmatrix}1 & 1/k\\-\omega^2 J & 1-\omega^2 J/k\end{bmatrix}$$

$$(5.4\text{-}17)$$

　　如果是有阻尼系统，由质量 J_n、弹簧 k_n 和阻尼 c_n 组成一个分段。用类似的分析，考虑到阻尼力矩的作用，可以得到其点传递矩

阵和场传递矩阵

$$[P] = \begin{bmatrix} 1 & 0 \\ \mathrm{j}\omega c - \omega^2 J & 1 \end{bmatrix}$$ (5.4-18)

和

$$[F] = \begin{bmatrix} 1 & \dfrac{1}{k + \mathrm{j}\omega c} \\ 0 & 1 \end{bmatrix}$$ (5.4-19)

对于有阻尼直线振动系统,也可得到对应的点传递矩阵和场传递矩阵。

第五节　梁

为了作近似的分析,一根梁可以用集中质量和无质量的梁组成的系统来表示(图 5.5-1)。梁的一个典型分段 n,如图 5.5-2 所示,包含了一个点质量 m_n 和一段无质量的梁 l_n。从梁的自由体图中(图 5.5-2(b))可以得到

实际的梁

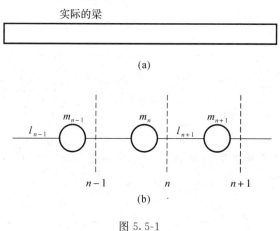

(a)

(b)

图 5.5-1

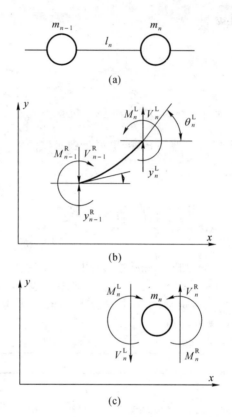

图 5.5-2

$$V_n^L = V_{n-1}^R$$
$$M_n^L = M_{n-1}^R - l_n V_{n-1}^R \qquad (5.5\text{-}1)$$

M 和 V 为弯矩和剪力。弯矩和剪力所引起的转角 θ 和位移 y 为

$$\theta_n^L - \theta_{n-1}^R = \frac{l_n}{(EI)_n} M_n^L + \frac{l_n^2}{2(EI)_n} V_n^L \qquad (5.5\text{-}2)$$

$$y_n^L - y_{n-1}^R = l_n \theta_{n-1}^R + \frac{l_n^2}{2(EI)_n} M_n^L + \frac{l_n^3}{3(EI)_n} V_n^L \qquad (5.5\text{-}3)$$

把 (5.5-1) 代入 (5.5-2) 和 (5.5-3) 得

$$\theta_n^L = \theta_{n-1}^R + \frac{l_n}{(EI)_n}M_{n-1}^R - \frac{l_n^2}{2(EI)_n}V_{n-1}^n \tag{5.5-4}$$

$$y_n^L = y_{n-1}^R + l_n\theta_{n-1}^R + \frac{l_n^2}{2(EI)_n}M_{n-1}^R - \frac{l_n^3}{6(EI)_n}V_{n-1}^R \tag{5.5-5}$$

把(5.5-1)、(5.5-4)和(5.5-5)写成矩阵形式

$$\left\{\begin{matrix}y\\\theta\\M\\V\end{matrix}\right\}_n^L = \begin{bmatrix} 1 & l & \dfrac{l^2}{2EI} & -\dfrac{l^3}{6EI}\\[2mm] 0 & 1 & \dfrac{l}{EI} & -\dfrac{l^2}{2EI}\\[2mm] 0 & 0 & 1 & -l\\[2mm] 0 & 0 & 0 & 1\end{bmatrix}_n \left\{\begin{matrix}y\\\theta\\M\\V\end{matrix}\right\}_{n-1}^n \tag{5.5-6}$$

方程(5.5-6)的矩阵就是场传递矩阵。再由点质量 m_n 的自由体图（图 5.5-2(c)），由于 m_n 作刚体运动,得

$$\theta_n^L = \theta_n^R, \quad y_n^L = y_n^R \tag{5.5-7}$$

$$V_n^R = V_n^L - \omega^2 m_n y_n^L \tag{5.5-8}$$

$$M_n^R = M_n^L - \omega^2 J_n \theta_R^L \tag{5.5-9}$$

式中 J_n 是质量 m_n 绕法向于 xy 平面轴线的传动惯量。由方程(5.5-7)、(5.5-8)和(5.5-9)得

$$\left\{\begin{matrix}y\\\theta\\M\\V\end{matrix}\right\}_n^R = \begin{bmatrix} 1 & 0 & 0 & 0\\ 0 & 1 & 0 & 0\\ 0 & -\omega^2 J & 1 & 0\\ -\omega^2 m & 0 & 0 & 1\end{bmatrix}_n \left\{\begin{matrix}y\\\theta\\M\\V\end{matrix}\right\}_n^L \tag{5.5-10}$$

式中矩阵就是点传递矩阵。由(5.5-6)和(5.5-10)得

$$\left\{\begin{matrix}y\\\theta\\M\\V\end{matrix}\right\}_n^R = \begin{bmatrix} 1 & l & \dfrac{l^2}{2EI} & -\dfrac{l^3}{6EI}\\[3mm] 0 & 1 & \dfrac{l}{EI} & -\dfrac{l^2}{2EI}\\[3mm] 0 & -\omega^2 J & 1-\dfrac{\omega^2 Jl}{EI} & -l+\dfrac{\omega^2 Jl^2}{2EI}\\[3mm] -\omega^2 m & -\omega^2 ml & -\dfrac{\omega^2 ml^2}{2EI} & 1+\dfrac{\omega^2 ml^3}{6EI}\end{bmatrix}_n \left\{\begin{matrix}y\\\theta\\M\\V\end{matrix}\right\}_{n-1}^R$$

$$\tag{5.5-11}$$

式(5.5-11)的矩阵就是分段的传递矩阵。

关于梁,通常的边界条件有

$$
\begin{array}{ccccc}
 & y & \theta & M & V \\
\text{简支} & 0 & \theta & 0 & V \\
\text{自由} & y & \theta & 0 & 0 \\
\text{固定} & 0 & 0 & M & V
\end{array}
$$

利用方程(5.5-11),我们可以从系统左边的边界 —— 位置 0 算起,计算到右边的边界 —— 位置 n,可以得到

$$
\left\{ \begin{array}{c} y \\ \theta \\ M \\ V \end{array} \right\}_n^{\mathrm{R}} = \left[\begin{array}{cccc} H_{11} & H_{12} & H_{13} & H_{14} \\ H_{21} & H_{22} & H_{23} & H_{24} \\ H_{31} & H_{32} & H_{33} & H_{34} \\ H_{41} & H_{42} & H_{43} & H_{44} \end{array} \right] \left\{ \begin{array}{c} y \\ \theta \\ M \\ V \end{array} \right\}_0 \tag{5.5-12}
$$

一般说来,两端的边界条件总是已知的,因此,满足这些边界条件的频率就是系统的固有频率。

例 1 一根左端固定的悬臂梁,用 n 个集中质量描述,导出系统的特征方程。

解 在位置 0 处是固定端,有 $y_0 = 0, \theta_0 = 0$。从方程(5.5-12),我们得到

$$
M_n = H_{33} M_0 + H_{34} V_0
$$
$$
V_n = H_{43} M_0 + H_{44} V_0
$$

式中 M_0、V_0 是未知的。根据位置 n 的边界条件,自由端有 $M_n = 0$,$V_n = 0$。得齐次方程

$$
H_{33} M_0 + H_{34} V_0 = 0
$$
$$
H_{43} M_0 + H_{44} V_0 = 0
$$

要 M_0 和 V_0 有非零解,则必须有

$$
\Delta(\omega^2) = \left| \begin{array}{cc} H_{33} & H_{34} \\ H_{43} & H_{44} \end{array} \right| = 0
$$

这就是系统的特征方程。可用解析法或作图法求出各阶固有频率。

作图法是利用 $\Delta(\omega^2)$ 随 ω^2 变化的曲线，曲线与 ω^2 轴的交点就是系统各阶固有频率的平方。

例 2　计算图 5.5-3 所示系统的固有频率和特征向量。

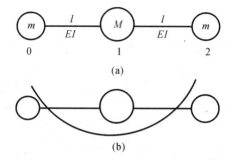

(a)

(b)

图 5.5-3

解　对于所示的系统，可以写出它的传递矩阵方程

$$\{z\}_2^R = [P]_2[F]_2[P]_1[F]_1[P]_0\{z\}_0^L$$
$$= [H]_2[H]_1[P]_0\{z\}_0^L$$

系统的边界条件是

$$\{z\}_0^L = \left\{ \begin{array}{c} y \\ \theta \\ 0 \\ 0 \end{array} \right\}_0^L, \qquad \{z\}_2^R = \left\{ \begin{array}{c} y \\ \theta \\ 0 \\ 0 \end{array} \right\}_2^R$$

略去质量 m 和 M 的转动惯量的影响，则有

$$[P]_0 = \begin{bmatrix} 1 & 0 & 0 & 0 \\ 0 & 1 & 0 & 0 \\ 0 & 0 & 1 & 0 \\ -\omega^2 m & 0 & 0 & 1 \end{bmatrix}$$

$$[H]_1 = \begin{bmatrix} 1 & l & \dfrac{l^2}{2EI} & -\dfrac{l^3}{6EI} \\[2mm] 0 & 1 & \dfrac{l}{EI} & -\dfrac{l^2}{2EI} \\[2mm] 0 & 0 & 1 & -l \\[2mm] -\omega^2 M & -\omega^2 Ml & -\dfrac{\omega^2 Ml^2}{2EI} & 1+\dfrac{\omega^2 Ml^3}{6EI} \end{bmatrix}$$

$$[H]_2 = \begin{bmatrix} 1 & l & \dfrac{l^2}{2EI} & -\dfrac{l^3}{6EI} \\[2mm] 0 & 1 & \dfrac{l}{EI} & -\dfrac{l^2}{2EI} \\[2mm] 0 & 0 & 1 & -l \\[2mm] -\omega^2 m & -\omega^2 ml & -\dfrac{\omega^2 ml^2}{2EI} & 1+\dfrac{\omega^2 ml^3}{6EI} \end{bmatrix}$$

进行计算后,由边界条件得

$$\begin{Bmatrix} 0 \\ 0 \end{Bmatrix} = \begin{bmatrix} a_{11} & a_{12} \\ a_{21} & a_{22} \end{bmatrix} \begin{Bmatrix} y \\ \theta \end{Bmatrix}_0^{\mathrm{L}}$$

其中

$$a_{11} = 2\omega^2 ml + \omega^2 Ml + \omega^4 mM \dfrac{l^4}{6EI}$$

$$a_{21} = -\left(\omega^2 m + \omega^2 M + \dfrac{4}{3}\omega^4 m^2 \dfrac{l^3}{EI} - \omega^4 mM \dfrac{l^3}{3EI}\right.$$
$$\left. -\omega^6 m^2 M \dfrac{l^6}{36(EI)^2}\right)$$

$$a_{12} = \omega^2 Ml^2$$

$$a_{22} = -\left(2\omega^2 ml + \omega^2 Ml + \omega^4 mM \dfrac{l^3}{6EI}\right)$$

y_0^{L} 和 θ_0^{L} 要有非零解,则方程的系数行列式要等于零。由此,可以得到系统的特征方程为

$$2\omega^4 ml^2 \left[(M+2m) - \dfrac{\omega^2 mMl^3}{3EI} \right] = 0$$

系统有两个等于零的固有频率,产生刚体运动 —— 移动和转动。还有一个固有频率为

$$\omega_n^2 = \frac{3EI}{mMl^3}(M + 2m) = \frac{6EI}{Ml^3}(1 + \frac{n}{2})$$

式中 $n = M/m$。

为了确定系统的特征向量,把系统的传递矩阵方程写成下面的形式

$$\begin{Bmatrix} y \\ \theta \\ 0 \\ 0 \end{Bmatrix}_2^R = \begin{bmatrix} H_{11} & H_{12} & H_{13} & H_{14} \\ H_{21} & H_{22} & H_{23} & H_{24} \\ H_{31} & H_{32} & H_{33} & H_{34} \\ H_{41} & H_{42} & H_{43} & H_{44} \end{bmatrix} \begin{Bmatrix} y \\ \theta \\ 0 \\ 0 \end{Bmatrix}_0^L$$

可以得到

$$y_2^R = H_{11} y_0^L + H_{12} \theta_0^L$$

$$0 = H_{31} y_0^L + H_{32} \theta_0^L$$

解两方程得

$$y_2^R = H_{11} y_0^L - \frac{H_{12} H_{31}}{H_{32}} y_0^L$$

因而有

$$\frac{y_2}{y_0} = \frac{y_2^R}{y_0^L} = H_{11} - \frac{H_{12} H_{31}}{H_{32}} = 1(由于系统的对称性)$$

为了计算 y_2/y_1,我们利用方程

$$\{z\}_2^R = [H]_2 \{z\}_1^R$$

即

$$\begin{Bmatrix} y \\ \theta \\ 0 \\ 0 \end{Bmatrix}_2^R = \begin{bmatrix} 1 & l & \dfrac{l^2}{2EI} & -\dfrac{l^3}{6EI} \\ 0 & 1 & \dfrac{l}{EI} & -\dfrac{l^2}{2EI} \\ 0 & 0 & 1 & -l \\ -\omega^2 m & -\omega^2 ml & -\dfrac{\omega^2 ml^2}{2EI} & 1 + \dfrac{\omega^2 ml^3}{6EI} \end{bmatrix} \begin{Bmatrix} y \\ \theta \\ M \\ V \end{Bmatrix}_1^R$$

位置 2 为自由端,有 $M_2^R = 0, V_2^R = 0$。位置 1,由于对称性 $\theta_1^R = 0$。
代入上述方程,可得

$$y_2^R = y_1^R + M_1^R \frac{l^2}{2EI} - V_1^R \frac{l^3}{6EI}$$

$$0 = M_1^R - V_1^R l$$

$$0 = -\omega^2 m y_1^R - M_1^R \omega^2 m \frac{l^2}{2EI} + V_1^R + V_1^R \omega^2 m \frac{l^3}{6EI}$$

解方程,可得

$$y_2^R = y_1^R \left(\frac{-1}{\omega^2 m \dfrac{l^3}{3EI} - 1} \right)$$

把 $\omega_n^2 = \dfrac{3EI}{mMl^3}(M + 2m)$ 代入得

$$y_2 = y_2^R = -\frac{n}{2} y_1^R = -\frac{n}{2} y_1$$

所以,系统的特征向量为

$$\begin{bmatrix} 1 & -\dfrac{2}{n} & 1 \end{bmatrix}^T。$$

第六章

振动控制

　　振动和冲击的来源很多，如机器的不平衡往复运动、空气动力湍流、地震、公路和铁路运输等。振动会引起机械结构的疲劳损坏，缩短零件的使用寿命，造成设备或仪器的损坏。因此，在工程技术中常常要采取相应的措施对设备或结构振动进行控制。

　　振动控制的方法有很多，主要有抑制振源、积极消极隔振、动力吸振及振动的主动控制等。其中积极消极隔振、动力吸振器等已在前面相关章节中作了介绍，这里主要对振源抑制、阻尼处理的应用、振动主动控制等方面的内容作了一些介绍。

第一节　　振源抑制

　　抑制振源是消除或减小振动最直接有效的方法。为抑制振源，必须了解各种振源的特点，弄清振动的来源。下面给出一些典型的激振源。

　　1.工作载荷的波动

　　工作载荷的波动会引起各种类型的激振力，如冲床、锻床一类的设备，其工作载荷带有明显的间歇冲击特征，产生冲击激励，每一次冲击都会引起系统的自由振动。这时的系统振动强度不仅决定于冲击频谱的宽度以及系统自身固有频率的分布，也与系统阻尼分布有很大关系,一般而言,增大系统结构阻尼有助于减小系统的振动响应,或者在离冲击力较近的区域进行隔振处理,减少振源对外围系统的影响。

2. 不平衡的往复质量

如柴油、汽油发动机、活塞式压缩机中作往复运动的部件产生的惯性力,正如在第二章第七节中的讨论一样。一般而言,这种激振力由基频和倍频两种频率成分构成,同时还含有一定的高次谐波。激振力的大小决定于往复部件的质量及其往复部件的对称性。

一般在此类设备中,常采用对称布置的方式,尽量减少系统往复激振力的大小,如发动机和活塞式空气压缩机中气缸的对称布置。

3. 旋转质量的不平衡

正如在第二章第五节中讨论过的一样,当旋转质量中心与其回转轴线不重合时,就会产生惯性离心力,其大小与旋转部件质量、偏心距以及角速度 ω 的平方成正比,即

$$f(t) = me\omega^2 \sin\omega t \tag{6.1-1}$$

很显然,要减小激励力的大小,减小偏心距 e 是最有效的方法。

根据 6.1-1 式,可以得到一种判断系统是否转子不平衡的方法。即改变系统运转速度,测量系统强迫振动振幅变化。一般而言,在旋转不平衡系统中,振动加速度幅值随转速的增加而急剧增大。

转子不平衡是工程机械中最常见的振源。一个转子的完全平衡的充分必要条件是转子上各部分质量在旋转时的离心惯性力的合力与合力偶等于零,即满足静平衡和动平衡两个条件,有一项不满足就会引起振动。因此,为使旋转机器的振动得到抑制,必须对机器转子进行静平衡和动平衡试验。

4. 设计安装缺陷或故障引起的振动

制造不良或安装不正确,或传动机构故障会产生周期性的激

振力,如齿轮传动中的断齿、传动皮带的接缝都会引起周期性的冲击。此外,链轮、联轴器、间歇式运动机构等传动装置都包含有传动的不均匀性,从而引起周期性的激振力。液压传动中油泵引起的流体脉动、电动机的转矩脉动也可能产生周期性激励。

上述种种因素均可能形成激振源,但究竟是哪一种因素起主导作用,则与系统本身的性质有关。因此,要抑制振源,首先要找到激振源。

判断振动源的一种有效方法是,通过实测系统的振动响应,分析其主要频率成分,具有与此频率相同的激振力可能就是振源。

判断振源的另一种有效方法是对响应信号与可能的激励信号进行相关分析,这种方法特别适用于具有一定随机激励性质的系统。

第二节   阻尼处理的应用

像梁和板一类的构件,理论上是无限多自由度系统,存在无限多个谐振点,如果这些构件承受可变频率的激励或宽频带随机振动,就可能激励起许多谐振,在这种情况下,应用单个的动力吸振器是不实际的。因此,对这些构件进行阻尼处理。利用阻尼来控制谐振,成为目前最常用的减振手段,尤其是钢、铝、铜等大多数工程材料的固有阻尼都很小,一般都要进行特别的阻尼处理,以减小谐振。

对结构件进行阻尼处理主要有如下几种方法:平面间摩擦阻尼、表面喷涂阻尼材料、层状结构处理等。

面间摩擦阻尼是两个表面在压力作用下相互滑动来产生的,如图 6.2-1 所示,如果两个表面间无润滑材料,则在相对运动中将出现干摩擦阻尼。

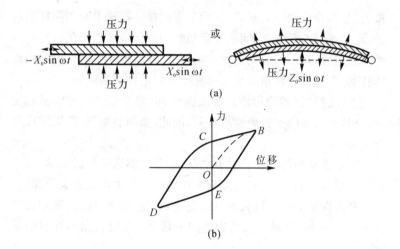

图 6.2-1　面间摩擦阻尼

对于弯曲振动的结构件进行阻尼处理的一个最简单方法是对构件表面喷涂一层具有高内耗的粘滞弹性材料。如汽车壳体表面处理用的胶泥消振剂。

如图 6.2-2 所示的板结构阻尼处理效果简图,其阻尼大小可用组合材料损耗因子 η 来描述:

$$\eta = 14\left(\frac{\eta_2 E_2}{E_1}\right)\left(\frac{d_2}{d_1}\right)^2 \tag{6.2-1}$$

其中: η_2 为阻尼材料的损耗因子; E_2 为阻尼材料的弹性模量; E_1 为板构件的弹性模量; d_1 为板的厚度; d_2 为阻尼材料层的厚度。

由式(6.2-1)可知,阻尼材料的相对厚度 $\frac{d_2}{d_1}$ 对总阻尼起着重要作用。在实际应用中,此值通常选在 $1 \sim 3$ 之间。同样也能看出,在同样厚度的阻尼材料下,涂在两边的效果不如全涂在一边的效果好。

另外,阻尼材料本身的弹性模量越高,阻尼效果也越好。

阻尼处理的另一种方法是采取层状结构设计,如图 6.2-3(a,

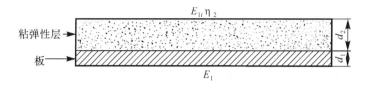

图 6.2-2 喷涂阻尼处理效果简图

b,c)所示,中间为粘弹性阻尼层。研究表明,对称结构的阻尼效果要比非对称结构的好。同时粘弹性层厚度越大,阻尼效果越好。

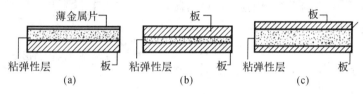

图 6.2-3 层状结构阻尼处理

第三节 振动的主动控制

振动主动控制的基本原理有三种:

第一,调节谐振点进行避振。在线测试激振力和振动系统的响应,根据响应大小调节系统结构参数,从而改变系统谐振点,或者改变系统工作状态(如转速),避免共振发生。

第二,施加反向作用力进行减振和隔振。对被隔振对象施加合理的控制力,从而抵消或减轻激振力,从而减小或隔离振动的传递。

第三,调节阻尼大小进行隔振,由控制系统的执行机构产生阻尼力,吸收振动能量,尤其在共振区加大阻尼,能有效地达到减振目的。

下面以单自由度系统为例,分别对基础运动和强迫激励下系统的主动控制进行讨论。

一、基础运动情况下的振动控制

如图 6.3-1 所示由 m,k,c 组成的振动系统为减小基础振动 $y(t)$ 对 m 的影响,安装了由拾振器 A、控制器 B 与施力机构 E 组成的主动控制系统。拾振器 A 测得系统响应,经控制器 B 的处理,产生控制信号 $z(t)$ 驱动施力机构 E 产生控制力 $f(t)$,由它来抵消地基传递给 m 的作用力,达到抑制振动的目的。

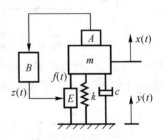

图 6.3-1　基础运动情况下
主动控制

图 6.3-1 所示振动系统的运动方程为

$$m\ddot{x}(t) + c\dot{x}(t) + kx(t) = c\dot{y}(t) + ky(t) + f(t)$$

$$(6.3-1)$$

对上式取拉氏变换,有

$$(ms^2 + cs + k)X(s) = (cs + k)Y(s) + F(s) \quad (6.3-2)$$

其中 $F(s)$ 为 $f(t)$ 的拉氏变换,可表示为

$$F(s) = H(s) \cdot X(s)$$
$$= H_1(s) \cdot H_2(s) \cdot H_3(s) \cdot X(s) \quad (6.3-3)$$

其中 $H_1(s),H_2(s),H_3(s)$ 分别为拾振器 A、控制器 B 和执行机构 E 的传递函数。当控制系统按负反馈设计时,$H(s)$ 可设计成带负号的有理分式

$$H(s) = -\frac{KD_1(s)}{D_2(s)} \quad (6.3-4)$$

其中 $D_1(s)$ 和 $D_2(s)$ 均为正系数的多项式,且 $D_1(0) = D_2(0) = 1$。K 为正实数的放大倍数,则 $y(t)$ 到 $x(t)$ 的传递函数为

$$H_A(s) = \frac{X(s)}{Y(s)} = \frac{(cs + k)D_2(s)}{(ms^2 + cs + k)D_2(s) + KD_1(s)}$$

$$(6.3-5)$$

令 $s = j\omega$，则主动隔振系统的隔振传递率为

$$T_A(\omega) = H_A(\omega) = \frac{(k + j\omega c)D_2(j\omega)}{(k - m\omega^2 + j\omega c)D_2(j\omega) + KD_1(j\omega)}$$

$$(6.3-6)$$

在第二章第六节的讨论中曾指出，要达到隔振效果，必须使 $\omega/\omega_n > \sqrt{2}$，因此单独的隔振系统很难应用于超低频激励下的隔振，而(6.3-6)式所示的主动控制系统可以不受此限制。对于超低频激励，由式(6.3-6)可知

$$\lim_{\omega \to 0} T_A = \frac{k}{k + K}$$

$$(6.3-7)$$

由上式可见，如果控制系统的放大系数 K 设计得远大于隔振系统支承刚度 k，那么系统在超低频区的隔振传递率可以非常小。

二、系统受强迫激励时的主动控制

单自由度系统受强迫激励作用时，减振控制原理如图 6.3-2 所示。其中 m 为设备质量，k 和 c 分别为其支承刚度和阻尼，$F(t)$ 为强迫激励力。为抑制振动，加装主动控制系统。拾振器 A 测得系统的响应，传递给控制器 B，经变换和放大后驱动执行机构 E，使其产生控制力。如果把控制力 $f(t)$ 的大小设计成下列模型：

$$f(t) = -k'x(t) - c'x'(t)$$

$$(6.3-8)$$

则整个控制系统的运动方程为

$$m\ddot{x}(t) + c\dot{x}(t) + kx(t) = F(t) + f(t)$$

$$(6.3-9)$$

即

$$m\ddot{x}(t) + (c + c')x(t) + (k + k')x(t) = F(t)$$

$$(6.3-10)$$

由上式可知，加入主动控制系统后，系统的阻尼系数与刚度系

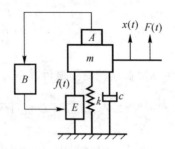

图 6.3-2   强迫激励下的主动振动控制

数都增大了。阻尼增加,则其耗散的动能增大,从而抑制振动;刚度增大,若设计合理,有效避开共振区,也能抑制振动。

如果控制力模型设计成与 $x(t)$ 的积分成正比的形式,如

$$f(t) = -K \int_0^t x(t) \mathrm{d}t \qquad (6.3\text{-}11)$$

则系统的控制方程为

$$m\ddot{x}(t) + c\dot{x}(t) + kx(t) = F(t) - K \int_0^t x(t)\mathrm{d}t \quad (6.3\text{-}12)$$

对上式进行拉氏变换,得

$$H(\omega) = \frac{X(\omega)}{F(\omega)} = \frac{\mathrm{j}\omega}{K + \mathrm{j}\omega k - \omega^2 c - \mathrm{j}\omega^3 m} \qquad (6.3\text{-}13)$$

$x(t)$ 的幅频特性为

$$|H(\omega)| = \frac{\omega}{\sqrt{(K - \omega^2 c)^2 + \omega^2 (k - \omega^2 m)^2}} \qquad (6.3\text{-}14)$$

当 $\omega \to 0$ 时,$|H(\omega)| \to 0$,故这种主动减振系统具有很强的抑制超低频振动的能力。

参 考 书 目

1. *Thomson W T*. Theory of Vibration with Applicationr, *Prentice-Hall*,1972

2. *Meirovitch L*. Elements of Vibration Analysis,*McGraw-Hill*,1975

3. *Timoshenko S*, *Young D H*, *Weaver Jr. W*. Vibration Problems in Engineering,*John Wiley and Sons*,1974

4. *Dimarogonas A D*. Vibration Engineering, *West Publishing Co.* ,1976

5. 中川宪治. 工程振动学. 上海科技出版社,1981

6. *Tse F*, *Morse I E*, *Hinkle R T*. Mechanical Vibrations Theory and Applications, *Allyn and Bacon*, 1978

7. *Thureau P*,*Lecler D*. An Introduction to the Principles of Vibrations of Linear Systems,*Stanley Thornes*,1981

8. *Srinivasan P*. Mechanical Vibration Analysis,*Tata McGraw-Hill*, 1982

9. *Hutton D V*. Applied Mechanical Vibrations,*McGraw-Hill*,1981

10. *Steidel Jr. R F*. An Introduction to Mechanical Vibrations,*John Wiley and Sons*,1979

11. *Lalanne M*,*Berthier*,*Hagopian J D*. Mechanical Vibrations for Engineers, *John Wiley and Sons*,1983

12. *Harker R J*. Generalized Methods of Vibration Analysis,*John Wiley and Sons*,1983

13. *Migulin V*. Basic Theory of Oscillations,*Mir Publishers*,1983

14. 得丸英胜. 振动论. コロナ社,1973

15. 北 乡薰,露木洋二. 振动学。森北出版株式会社,1974

16. *Bishop R E D*, *Johnson D C*. The Mechanics of Vibration, *Cambridge University Press*,1979

17. *Hatter D J*. Matrix Computer Methods of Vibration Analysis,*Butter Worth and Co*. 1973

18. *Craig Jr. R R*. Structural Dynamics，*John Wiley and Sons*，1981

19. 井　町勇. 机械振动学. 朝仓书店，1964

20. 季文美，方同，陈松淇. 机械振动. 科学出版社，1985

21. 吴福光，蔡承武，徐北. 振动理论. 高等教育出版社，1987

22. 欧进萍. 结构振动控制. 科学出版社，2003

23. 师汉民. 机械振动系统——分析·测试·建模·对策. 华中科技大学出版社，2004

24. 孙增圻，张再兴，邓志东. 智能控制理论与技术. 清华大学出版社，1997

25. 王光远. 结构动力学. 科学出版社，1983